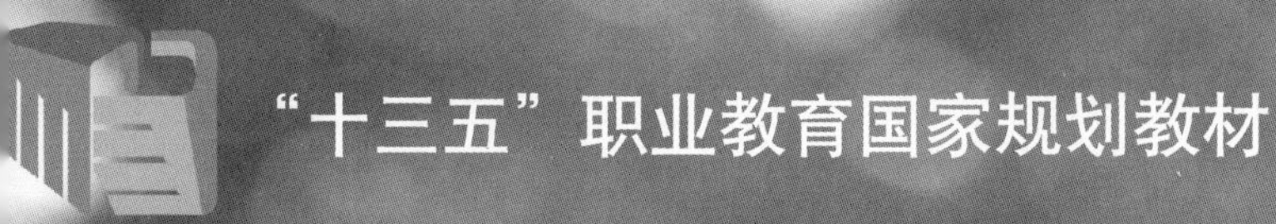

Photoshop CS6 平面设计案例教程

周兰娟 主编
于晓利 孙莹 副主编

清华大学出版社
北京

内容简介

本书是计算机平面设计专业主干课程，根据教育部2021版专业目录确定的专业教学指导方案编写而成。

本书面向的职业岗位为数码照片艺术处理、广告图像处理、VI图形绘制、电子商务美工。本书从这4个职业岗位中选取典型、真实的工作任务作为教学的载体，对真实任务进行知识、技能分析，以工作任务为导向，将工作任务进行分解，精心设计既可独立又有一定联系的教学案例作为课堂教学实施的载体，通过将知识和技能融入任务来组织教学。学生学习的过程，就是学习职业岗位技能的过程，帮助学生在学习的过程中积累工作经验，实现零距离上岗。

本书既可作为中等职业学校计算机平面设计专业及其相关方向的基础教材，也可作为各类计算机应用培训班教材，还可供计算机应用从业人员参考使用。

图书在版编目(CIP)数据

Photoshop CS6平面设计案例教程/周兰娟主编. —北京：清华大学出版社，2018(2024.9重印)
("十三五"应用型人才培养规划教材)
ISBN 978-7-302-49991-6

Ⅰ.①P… Ⅱ.①周… Ⅲ.①平面设计—图象处理软件—高等学校—教材 Ⅳ.①TP391.413

中国版本图书馆CIP数据核字(2018)第076661号

责任编辑：田在儒
封面设计：王跃宇
责任校对：李 梅
责任印制：宋 林

出版发行：清华大学出版社
网　址：https://www.tup.com.cn，https://www.wqxuetang.com
地　址：北京清华大学学研大厦A座　**邮　编**：100084
社 总 机：010-83470000　**邮　购**：010-62786544
投稿与读者服务：010-62776969，c-service@tup.tsinghua.edu.cn
质量反馈：010-62772015，zhiliang@tup.tsinghua.edu.cn
课件下载：https://www.tup.com.cn，010-83470410
印 装 者：三河市龙大印装有限公司
经　销：全国新华书店
开　本：185mm×260mm　**印　张**：13.5　**字　数**：323千字
版　次：2018年7月第1版　**印　次**：2024年9月第10次印刷
定　价：69.00元

产品编号：078649-03

本书是为适应中等职业学校人才培养的需要，根据教育部2021版专业目录确定的计算机平面设计专业教学指导方案编写而成，也是计算机应用方向的专业基础课程。

Adobe Photoshop CS6是Adobe Photoshop的第13代，是一个较为重要的版本更新，加强了3D图像编辑，采用新的暗色调用户界面，整合Adobe云服务，改进了文件搜索等，集图像编辑、设计、合成、网页制作和高品质的图片输出功能于一体，是计算机平面设计中不可缺少的图形图像处理设计软件，也是计算机平面设计专业的必修课程。

本书根据教学大纲的要求和初学者的实际情况，从实用角度出发并以循序渐进的方式，全面介绍了Photoshop CS6 Extended（扩展）版的基本操作和实际应用。本书共分为8章，依次介绍了Photoshop CS6的新增功能、数码照片艺术处理、图像合成、图片的特效处理、特效文字制作、VI图形绘制、仿手绘装饰画制作，最后一章为综合实训。全书采用“任务驱动教学法”，每一章都精心设计了相应的工作任务，通过“任务要求”“任务分析”“制作流程”以及“演示步骤视频”环节，先给出一个应用Photoshop进行实际操作的任务，并对任务进行分析，提出要求，再讲述实现这一操作的具体方法（读者可通过扫描书中二维码观看任务演示步骤视频），然后系统地对该案例所涉及的知识点进行全面讲解，帮助读者进一步掌握和巩固基本知识，快速提高综合应用的实践能力，使理论和实践达到有机的统一，真正实现“做中学，学中做”的目的。

为了提高学习效率和教学效果，本书配套了教学指导方案、课件、视频及相关图片与素材，供学习者下载使用。

本书由周兰娟担任主编，谢夫娜主审，于晓利、孙莹担任副主编，隋扬、孙良、冯英丽、王志同也参与了编写工作。

由于编者水平有限，书中不妥之处在所难免，恳请广大读者批评指正，作者联系邮箱：1260570306@qq.com。

编　者

2022年1月

目 录
CONTENTS

第1章 走进 Photoshop CS6 的精彩世界

任务 时尚插画——学习欣赏图片

任务要求

在 Photoshop 中以不同的比例观察如图 1-1 所示的图片，既要学会欣赏整体画面，又要学会不同位置的细致观察。

图 1-1 在 Photoshop 中打开的图像文件

任务分析

结合 Photoshop 的特点分析该项目的要求，应做到以下几点。

- 学会启动 Photoshop 程序并在该程序中打开文件。
- 熟悉 Photoshop 的工作界面。
- 学习使用“抓手工具”和“缩放工具”进行图像全局或指定部分的浏览与细部观察。
- 学习使用“标尺”“参考线”“网格”对图像进行精确定位。
- 学习在图像编辑窗口中对打开的多个图像文件进行切换，并以不同的窗口排列方式进行排列。

制作流程

(1) 在桌面上双击 Photoshop CS6 的快捷图标,或选择菜单"开始"→"程序"→Adobe Photoshop CS6 命令,启动 Photoshop CS6 程序,然后选择菜单"文件"→"打开"命令,打开图像文件"时尚插画.jpg"和"小公主.jpg",并在图像编辑窗口中单击"时尚插画.jpg"标签,将其切换为当前图像,如图 1-1 所示。

(2) 选择工具箱中的"缩放工具",在图像中单击,图像会放大到 200%的显示比例,如图 1-2 所示。

(3) 选择工具箱中的"抓手工具",在图像中拖动鼠标,可以移动图像,以便观察图像的其他部分。图 1-3 所示即是平移图像的一个窗口状态。

图 1-2　放大到 200%的图像窗口

图 1-3　平移图像

(4) 再次选择工具箱中的"缩放工具",在图像窗口中向外拖动能放大图片,如图 1-4 所示;在图像窗口中向内拖动能缩小图片,如图 1-5 所示。

图 1-4　向外拖动放大图片

图 1-5　向内拖动缩小图片

(5) 按住 Alt 键,用"缩放工具"在图像窗口内单击,可将图像缩小显示。

(6) 选择菜单"视图"→"标尺"命令,窗口中即显示出水平标尺和垂直标尺,如图 1-6 所示。

(7) 将鼠标指针分别移到水平标尺和垂直标尺上,拖动出一条水平参考线和一条垂直参考线，放置位置如图 1-7 所示。利用参考线可以对图像进行精确定位。

图 1-6　标尺显示状态

图 1-7　两条参考线位置情况

(8) 选择菜单“视图”→“清除参考线”命令，清除图像窗口中的参考线。选择菜单“视图”→“标尺”命令，隐藏图像窗口中的标尺。

(9) 选择菜单“视图”→“显示”→“网格”命令，窗口中即显示出如图 1-8 所示的网格。网格平均分配空间，方便确定准确的位置。再次选择菜单“视图”→“显示”→“网格”命令，即可隐藏图像窗口中的网格。

图 1-8　网格显示状态

(10) 在面板区单击“历史记录”面板图标，展开“历史记录”面板。如果没有打开面板，此时可以选择菜单“窗口”→“历史记录”命令，将“历史记录”面板打开，如图 1-9 所示。

(11) 从“历史记录”面板的历史记录列表中选择第一个操作“打开”，如图 1-10 所示，即可将图像恢复为刚打开时的状态。

(12) 在图像编辑窗口中单击“小公主.jpg”标签，将其切换为当前图像，如图 1-11 所示。

(13) 选择菜单“窗口”→“排列”→“在窗口中浮动”命令，可将当前图像放置于一个独立窗口中，如图 1-12 所示。选择菜单“窗口”→“排列”→“使所有内容在窗口中浮动”命令，则当前打开的两幅图像均各自放置于一个独立窗口中，如图 1-13 所示。

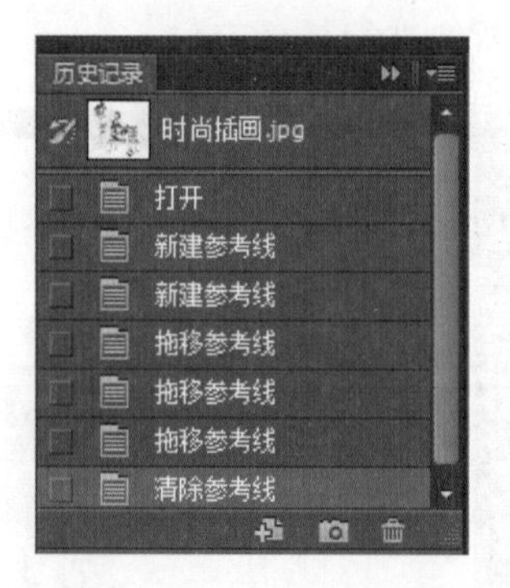

图 1-9 展开“历史记录”面板

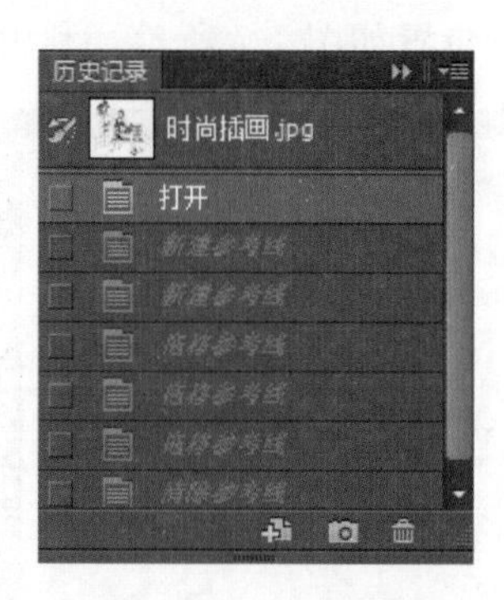

图 1-10 选择“打开”操作

图 1-11 将“小公主.jpg”切换为当前图像

图 1-12 当前图像放置于一个独立窗口中

(14) 选择菜单“窗口”→“排列”→“平铺”命令，则两幅图像显示状态如图 1-14 所示。选择菜单“窗口”→“排列”→“将所有内容合并到选项卡中”命令，则图像显示情况恢复到如图 1-1 所示的状态。

(15) 分别选择两幅图像，选择菜单“文件”→“存储为”命令，将两幅图像分别保存到另外的文件夹中，再选择菜单“文件”→“关闭全部”命令关闭两幅图像，最后选择菜单“文件”→“退出”命令退出 Photoshop CS6。

图 1-13　两幅图像各自放置于一个独立窗口中

图 1-14　两幅图像平铺

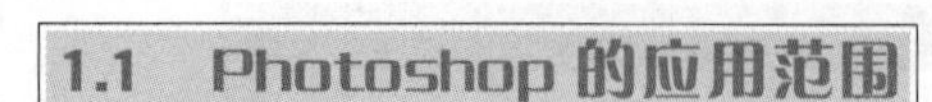

1.1 Photoshop 的应用范围

多数人对于 Photoshop 的了解还仅仅限于“一个很好的图像编辑软件”，并不知道它的其他的应用方面。随着软件功能的日益强大，Photoshop 已经不只成为设计领域的首选软件，它在我们日常生活的其他方面也逐渐展示出自己的强大功能。下面将分别介绍 Photoshop 图像合成与特效主要的应用领域。

1. 艺术照片

随着数码电子产品的普及，图形图像处理技术逐渐被越来越多的人所应用，如美化照片，制作个性化的影集，修复已经损毁的图片等。

2. 界面设计

如果用户经常上网，会看到很多界面设计得很朴素，看起来给人一种很舒服的感觉，有的界面也很有创意，能给人带来视觉的冲击。界面的设计，既要从外观上进行创意以达到吸引人的目的，也要结合图形和版面设计的相关原理，从而使得界面设计变成独特的艺术。为了使界面效果满足人们的要求，就需要设计师在界面设计中用到图形合成等效果，再配合特效的使用使其变得更加精美。

3. 广告设计

广告的构思与表现形式是密切相关的，有了好的构思接下来则需要通过软件来完成它，而大多数的广告是通过图像合成与特效技术来完成的。通过这些技术手段可以更加准确地表达出广告的主题。

4. 包装设计

包装作为产品的第一形象最先展现在顾客的眼前，被称为“无声的销售员”，只有在顾客被产品包装吸引并进行查阅后，才会决定会不会购买，可见包装设计是非常重要的。图像合成和特效的运用使得产品在琳琅满目的货架上越发显眼，达到吸引顾客的效果。

5. 艺术效果文字

利用 Photoshop 对文字进行创意设计，可以使文字变得更加美观，个性极强，使得文字的感染力大大地加强了。

6. 插画设计

Photoshop 使很多人开始采用计算机图形设计工具创作插图。计算机图形软件功能使他们的创作才能得到了更大的发挥，无论简洁还是繁复绵密，无论是传统媒介效果（如油画、水彩、版画风格）还是数字图形无穷无尽的新变化、新趣味，都可以更方便、更快捷地完成。

7. 动漫设计

动漫设计近年来十分盛行，有越来越多的爱好者加入动漫设计的行列，Photoshop 软件的强大功能使得它在动漫行业有着不可取代的地位，从最初的形象设定到最后渲染输出，都离不开它。

8. 建筑效果图后期修饰

当制作建筑效果图包括许多三维场景时，人物与配景包括场景的颜色常常需要在

Photoshop 中增加并调整。

9. 视觉创意

视觉创意与设计是设计艺术的一个分支，此类设计通常没有非常明显的商业目的，但由于它为广大设计爱好者提供了广阔的设计空间，因此越来越多的设计爱好者开始学习 Photoshop，并进行具有个人特色与风格的视觉创意。

1.2 Photoshop CS6 Extended 操作界面

启动 Photoshop CS6 程序，Photoshop CS6 的工作界面主要由标题栏、菜单栏、工具选项栏、工具箱、面板、文档窗口、状态栏等组成，如图 1-15 所示。

图 1-15　Photoshop CS6 工作界面

Photoshop CS6 分为两个版本，分别是常规的标准版和支持 3D 功能的 Extended（扩展）版，本书以 Extended 版为例进行介绍。

1. 标题栏

在 Photoshop CS6 中，打开一个文件以后，Photoshop 会自动创建一个标题栏标签，若要显示已经打开的某幅图像，只要单击对应的标签打开其选项卡即可。在标题栏的每一个选项卡中显示的内容有图像文件名、图像显示比例、图像当前图层名称、图像颜色模式、颜色位深度等信息及文件关闭按钮。

2. 菜单栏

Photoshop CS6 Extended 将所有的命令集合分类后，放置在 11 个菜单中，利用下拉菜单命令可以完成大部分图像编辑处理工作。

3. 工具选项栏

工具选项栏用于设置工具箱中当前工具的参数。不同工具所对应的选项栏的参数也有所不同。

图 1-16 所示是选择“矩形选框工具”后选项栏的显示情况。通过对选项栏中各项参数的设置可以定制当前工具的工作状态，以利用同一个工具设计出不同的选区效果。

图 1-16 “矩形选框工具”选项栏

4. 工具箱

学习软件的过程实际上就是学习软件中各工具和命令的过程。工具箱的默认位置位于窗口的最左侧，它包含了用于图像绘制和编辑处理的各种工具，各工具的具体功能和用法将在第 2 章中详细介绍。

工具箱具有伸缩性，通过单击工具箱顶部的伸缩栏 ▸▸ 可以在单栏和双栏之间任意切换，这样便于更好地灵活利用工作区中的空间进行图像处理。

Photoshop 有 70 多种工具，由于窗口空间有限，它把功能相近的工具归为一组放在一个工具按钮中，因此有许多工具是隐藏的。若要了解某工具的名称，只需把鼠标指针指向对应的按钮，稍等片刻，即会出现该工具名称的提示，如图 1-17 所示。许多工具按钮右下角有一个黑色小三角形，这表明该按钮是一个工具组按钮，在该按钮上按下鼠标左键不放或右击该按钮时，隐藏的工具便会显示出来，如图 1-18 所示，移动鼠标指针从中选择一个工具，该工具便成为当前工具。

图 1-17 “套索工具”提示

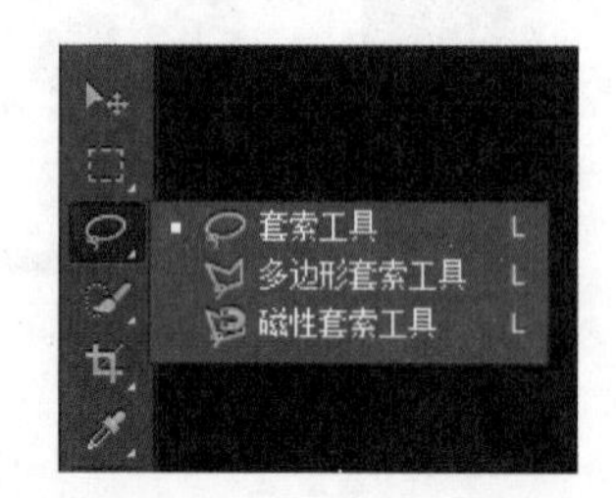

图 1-18 套索工具组显示

5. 面板

面板与菜单栏、工具箱一起构成了 Photoshop 的核心，是不可缺少的工作手段。面板的默认位置位于窗口的最右侧，Photoshop 提供了 20 多种面板，每一种面板都有其特定的功能，通过单独使用面板命令或各类快捷键与面板命令的结合使用，可迅速完成大多数软件操作，从而提高工作效率。

在 Photoshop CS6 中，专门为不同的应用领域准备了相应的工作区环境。其中，主要包括基本功能、绘画、摄影、3D、动感、排版规则和 Photoshop CS6 新增功能等工作区。只要在标题栏中单击相应的工作区按钮或在“窗口”→“工作区”级联菜单中选择相应的命令，即可切换到对应的工作区。选择不同的工作区时，显示的面板也有所不同。

面板也可以进行伸缩调整，其操作方法和使用工具箱类似，直接单击面板顶部的伸缩栏即可进行切换。对于已展开的面板，单击其顶部的伸缩栏，则可以将其收缩成为图标状态，如图 1-19 所示；反之，单击未展开的面板顶部的伸缩栏，则可以将该栏中的面板全部展开，如图 1-20 所示。

图 1-19　面板的收缩状态

图 1-20　面板的展开状态

如果要切换至某个面板，可以直接单击其标签名称。如果要隐藏某个已经显示出来的面板，可以双击其标签名称。

通过这样的调整操作，可以最大限度地节省界面空间，方便观察与绘图。

6. 文档窗口

文档窗口是显示打开图像的地方，是用来显示、绘制、编辑图像的区域，如图 1-21 所示。

图 1-21 文档窗口

在 Photoshop CS6 中,默认情况下,打开的图像均以选项卡的方式排列在图像编辑窗口中,用鼠标拖动某个选项卡,则对应的图像会置于一个浮动的独立窗口中。

在“窗口”→“排列”级联菜单中有一组调整图像排列方式的命令,如图 1-22 所示。

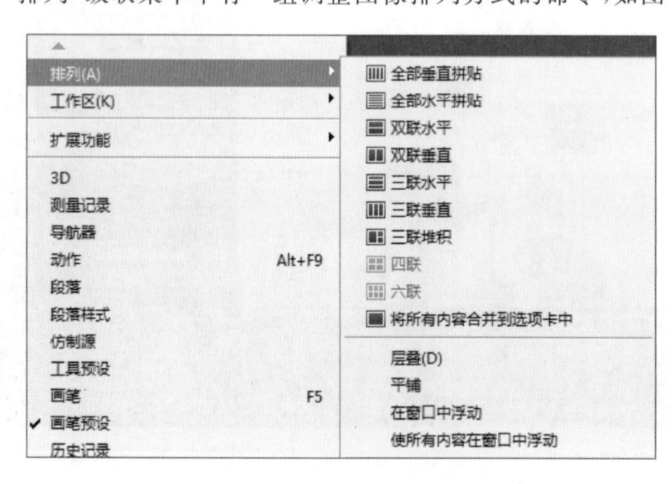

图 1-22 调整图像排列方式的命令

- “层叠”:使两个或两个以上的浮动窗口层叠排列。
- “平铺”:使两个或两个以上的图像水平或垂直平铺排列。
- “在窗口中浮动”:将当前图像置于独立的浮动窗口中。
- “使所有内容在窗口中浮动”:将当前打开的所有图像均置于一个个独立的浮动窗口中。

■ “将所有内容合并到选项卡中”：将所有打开的图像均以选项卡的方式排列在图像编辑窗口中。

7. 状态栏

状态栏主要由三部分组成：最左边显示当前图像的显示比例，可在此输入一个值改变图像的显示比例；中间部分默认显示当前图像的“文档大小”（如 文档:699.6K/2.39M ▶，前面的数字代表将所有图层合并后的图像大小，后面的数字代表当前包含所有图层的图像大小），单击其右边的三角形按钮可打开状态栏选项菜单，如图 1-23 所示，选择其中的命令可改变状态栏中间部分的显示内容；状态栏最右边是水平滚动条。

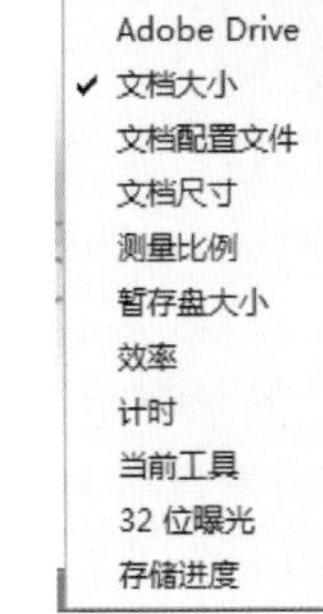

图 1-23　状态栏选项菜单

1.3　图像的基本知识

1. 位图图像与矢量图形

计算机处理的图形图像有两种，分别是位图图像和矢量图形。

1）位图图像

位图也叫点阵图，它的基本元素是像素。如果把位图放大到一定程度，就会发现整个画面是由排成行列的一个个小方格组成的，这些小方格就被称为像素。每个像素都有其特定的颜色值和位置，对位图图像的编辑实际上就是对一个个像素的编辑。其优点是可以表达色彩丰富、细致逼真的画面；缺点是位图文件占用存储空间比较大，而且在放大输出时会发生失真现象。

常用的位图格式有 BMP、JPG、PSD、GIF、TIFF、PDF 等。

2）矢量图形

矢量图形由一些直线、圆、矩形等线条和曲线组成，这些线条和曲线是由数学公式定义的，数学公式根据图像的几何特性描绘图像。对矢量图形的编辑实际上就是对组成矢量图形的一个个矢量对象的编辑。所以矢量图形文件所占存储空间一般较小，而且在进行缩放或旋转时不会发生失真现象。缺点是能够表现的色彩比较单调，不能像照片那样表达色彩丰富、细致逼真的画面。矢量图形通常用来表现线条化明显、具有大面积色块的图案。

Adobe 公司的 Illustrator、Corel 公司的 CorelDRAW 是常用的矢量图形设计软件，Flash 制作的动画也是矢量动画。常用的矢量图形格式有 AI（Illustrator 源文件格式）、DXF（AutoCAD 图形交换格式）、WMF（Windows 图元文件格式）、SWF（Flash 文件格式）等。

2. 颜色模式

颜色模式是指在显示器屏幕上和打印页面上重现图像色彩的模式。对于数字图像来说，颜色模式是个很重要的概念，它不但会影响图像中能够显示的颜色数目，而且会影响图像的通道数和文件的大小。

下面介绍 Photoshop 最常用的几种颜色模式。

1）RGB 模式

RGB 模式是基于自然界中三种基色光的混合原理，将红（R）、绿（G）和蓝（B）三种基色按照从 0(黑)～255(白色)的亮度值在每个色阶中分配,从而指定其色彩。当不同亮度的基色混合后,便会产生出 256×256×256 种颜色,约为 1670 万种。例如,一种明亮的红色可能 R 值为 246,G 值为 20,B 值为 50。当三种基色的亮度值相等时,产生灰色;当 3 种亮度值都是 255 时,产生纯白色;而当所有亮度值都是 0 时,产生纯黑色。当 3 种色光混合生成的颜色一般比原来的颜色亮度值高,所以 RGB 模式产生颜色的方法又被称为色光加色法。

2) CMYK 模式

CMYK 模式是一种印刷模式。其中 4 个字母分别指青(Cyan)、洋红(Magenta)、黄(Yellow)、黑(Black),在印刷中代表 4 种颜色的油墨。CMYK 模式在本质上与 RGB 模式没有什么区别,只是产生色彩的原理不同,在 RGB 模式中由光源发出的色光混合生成颜色,而在 CMYK 模式中由光线照到有不同比例 C、M、Y、K 油墨的纸上,部分光谱被吸收后,反射到人眼的光产生颜色。由于 C、M、Y、K 在混合成色时,随着 C、M、Y、K 4 种成分的增多,反射到人眼的光会越来越少,光线的亮度会越来越低,所有 CMYK 模式产生颜色的方法又被称为色光减色法。

3) Lab 模式

Lab 模式解决了由于不同的显示器和打印设备所造成的颜色复制的差异,也就是它不依赖于设备。Lab 颜色是以一个亮度分量 L 及两个颜色分量 a 和 b 来表示颜色的。其中,L 的取值范围是 0～100,a 分量代表由绿色到红色的光谱变化,而 b 分量代表由蓝色到黄色的光谱变化,a 和 b 的取值范围均为－120～120。Lab 模式所包含的颜色范围最广,能够包含所有的 RGB 和 CMYK 模式中的颜色。CMYK 模式所包含的颜色最少。

除上述三种最基本的颜色模式外,Photoshop 还支持位图模式、灰度模式、双色调模式、索引颜色模式和多通道模式等。

3. 图像的文件格式

(1) PSD 格式:是 Photoshop 的默认文件格式,扩展名为".psd",是能够支持所有图像模式(位图、灰度、双色调、索引颜色、RGB、CMYK、Lab 和多通道)的文件格式,甚至还可以保存图像中的辅助线、Alpha 通道和图层,从而为再次调整、修改图像提供了可能。

(2) JPEG 格式:压缩图片文件格式,扩展名为".jpg",文件占用磁盘空间较小,常用于互联网上,可以显示网页(HTML)文档中的照片和其他连续色调图像。JPEG 格式保留 RGB 图像中的全部颜色信息,支持 RGB、CMYK 和灰度颜色模式,不支持 Alpha 通道。

(3) GIF 格式:图形交换格式,扩展名为".gif",是一种压缩图片文件格式,文件占用磁盘空间较小,常用于互联网上,可以显示网页文档中的索引颜色图形和图像。GIF 格式保留索引颜色图像中的透明度,不支持 Alpha 通道。

(4) TIFF 格式:标记图像文件格式,扩展名为".tif",大多数图像应用程序和扫描仪一般都支持 TIFF 格式。TIFF 格式支持具有 Alpha 通道的 RGB、CMYK、Lab、索引颜色和灰度模式图像以及无 Alpha 通道的位图模式图像,可以用 TIFF 格式存储图层、注释和透明度。

(5) PNG 格式:便携网络图形格式,扩展名为".png",支持无损压缩,用于在网络上显示图像(某些 Web 浏览器不支持 PNG 图像)。PNG 格式支持无 Alpha 通道的 RGB、索引颜色、灰度和位图模式图像,保留 RGB 和灰度图像中的透明度,支持 24 位图像并产生无锯齿状边缘的背景透明度。

(6) PDF 格式：便携文档格式，扩展名为“.pdf”，PDF 格式可以显示和保留字体、页面版式以及位图图像和矢量图形，还可以包括电子文档导航(如电子链接)和搜索功能。

图像的内容和用途的不同，选用的图像格式也不同。例如，要用于网页的图像通常应选用压缩效果较好的 JPEG 格式或 GIF 格式，以便使文件占用较小的网络存储空间并使文件的网络传输时间较短。虽然都是用于网页图像，还要根据图像的内容作进一步的选择：如果图像具有连续色调(如照片)，则应选用 JPEG 格式；如果图像具有单调颜色或者含有清晰细节，则应选用 GIF 格式。

任务　制作创意照片——Photoshop CS6 新增功能初体验

任务要求

利用“内容感知移动工具”命令制作如图 1-24 所示的照片效果。

图 1-24　照片效果

任务分析

- 本任务主要运用“内容感知移动工具”命令将图像移动和复制。
- 学习文字工具的使用。
- 运用“移动工具”移动图像。

制作流程

(1) 打开素材图片“花朵.jpg”，如图 1-25 所示。

(2) 单击如图 1-26 所示的“内容感知移动工具”，鼠标指针变为形状，沿花朵周围拖动鼠标，直至环绕一周，松开鼠标后花朵周围出现虚框，如图 1-27 所示。在工具选项栏的

“模式”微调框中选择“扩展”选项，如图 1-28 所示。

图 1-25 花朵素材图片

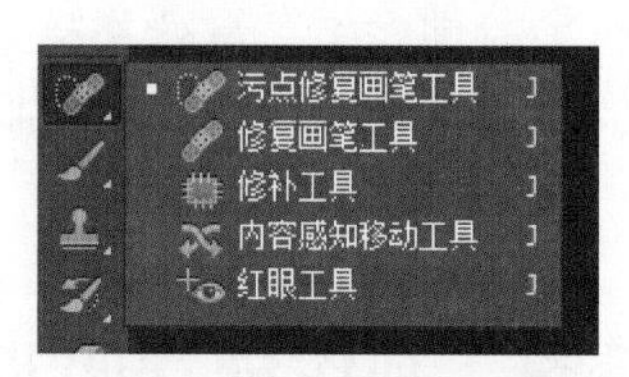

图 1-26 内容感知移动工具

图 1-27 单击选中花朵

图 1-28 “扩展”模式

(3) 用鼠标拖动虚线框移至左侧，松开鼠标，效果如图 1-29 所示，用同样的方法，在不同的位置复制出其余的花朵，如图 1-30 所示。

图 1-29 移动复制出一枝花朵

图 1-30 移动复制出多枝花朵

(4) 单击文字工具 T ，在其下拉菜单中选择“直排文字工具”，如图 1-31 所示。将鼠标指针移至图片左侧位置单击。在工具栏中将“字体”类型设置为“华文隶书”，“字号”设置为 48 点，颜色设置为 RGB(220，214，138)，如图 1-32 所示。输入文字“花之韵”，单击“移动工具” 将文字移动调整至合适位置，完成效果。

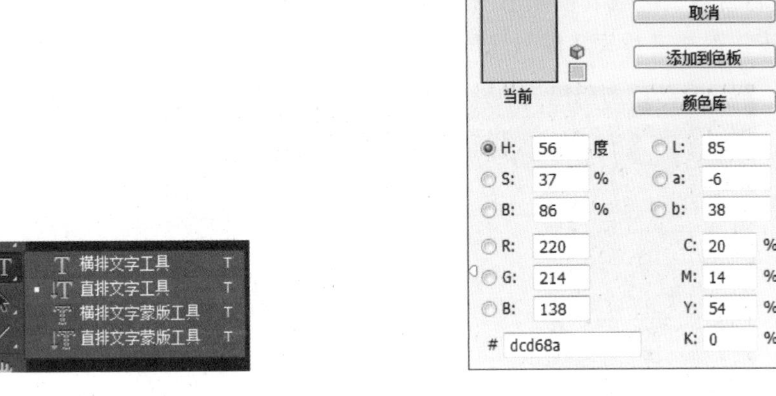

图 1-31　选择“直排文字工具”　　　　图 1-32　设置字体颜色

演示步骤视频

1.4 Photoshop CS6 的新增功能

2012 年 4 月，Adobe 公司推出了 Photoshop CS6 版本，PS 的图标从原来的 3D 样式转变成了如今比较流行的平面简单风格，Adobe Photoshop CS6 的界面设计和窗口布局都与之前的版本有了较大的变化，最明显的就是用户界面的主色调被设计成了深色，因此显得更现代化了，让用户能够更好地关注图片内容本身。Photoshop CS6 在功能上的更新是变革性的，Photoshop CS6 具备最先进的图像处理技术、全新的创意选项和极快的性能，借助新增的“内容识别”功能进行润色并使用全新和改良的工具与工作流程创建出出色的设计和影片。与此同时，Photoshop CS6 为摄影师提供了基本的视频编辑功能，同时在指针、图层、滤镜等各方面也发生了不同程度的变化。

Photoshop CS6 新增了许多的功能，包括裁剪、视频创建等。五大新增功能包括裁剪工具、内容感知移动工具、全新的模糊画廊、视频创建、后台存储和自动恢复，这 5 个新功能让图片处理更加高效，更重要的是更加智能了，接下来将重点介绍这五大新增功能。

1. 裁剪工具

Photoshop CS6 将原本裁剪工具裁掉的部分也进行了保留，用户无须经过“返回上一步”操作便可轻松还原图像，既保证了照片编辑过程的完整保留，又节省了因重新编辑图像而浪费的时间。

选择“裁剪工具”，即可选择要裁剪的大概区域，此时只需拖动图片，将需要的图像部分拖至选择的区域即可，而此时可以看到全局的图像如图1-33所示。完成裁剪后，如果想重新显示被裁剪区域，只需再次选择“裁剪工具”，并单击画面便可以看到之前裁剪时被隐藏的画面，可以进行重新裁剪或者恢复原图。另外，裁剪的时候还可以将图片进行旋转，只需在选择区域外按住图片进行旋转即可完成视角的调整，如图1-34所示。

图1-33 裁剪工具

图1-34 裁剪时进行视角的调整

Photoshop CS6的“裁剪工具”还添加了全新的“透视裁剪工具”，通过“透视裁剪工具”可以把具有透视的影像进行裁剪，并把画面拉直且纠正成正确的视角。

2. 内容感知移动工具

“内容感知移动工具”是Photoshop CS6在修复工具集中全新添加的一款工具，它将平时常用的通过“图层和图章工具”修改照片内容的形式给予了最大的简化，而这种简化简单到只需选择照片场景中的某个物体，然后将其移动到照片中的任何位置，经过Photoshop CS6的计算，便可以完成极其真实的合成效果。

3. 全新的模糊画廊

Photoshop CS6中，在“模糊工具”中新增加了“场景模糊”“光圈模糊”和“倾斜偏移”三种全新的模糊方式，为摄影师在后期处理照片特别是添加景深效果时提供了极大的便利。

使用简单的界面，借助图像上的控件快速创建照片模糊效果。创建倾斜偏移效果，模糊所有内容，然后锐化一个焦点或在多个焦点间改变模糊强度。其中，移轴效果照片一直是摄影师们非常钟爱的一种形式，移轴效果可以将景物变成非常有趣的模型方式，如同进入了小人国一般。那么要如何实现这个效果呢？首先选择菜单“滤镜”→“模糊”→“倾斜偏移”命令，打开“倾斜偏移”控制面板，如图 1-35 和图 1-36 所示。

图 1-35　打开“倾斜偏移”

图 1-36　“倾斜偏移”面板

通过边框的控制点改变移轴效果的角度以及效果的作用范围；通过图 1-36 所示图像边缘的两条虚线为移轴模糊过渡的起始点，通过调整移轴范围调整模糊的起始点；拖动移轴控制中心的控制点，可以调整移轴效果在照片上的位置以及移轴形成模糊的强弱程度。

调整完成后单击“确定”按钮确认效果，如图 1-37 所示。

图 1-37　倾斜偏移效果

4. 视频创建

Photoshop CS6 新功能“视频处理”功能让视频处理变得简单，Photoshop 在静态影像处理上堪称顶级，而在动态视频的处理上也不错。用户可以通过导入将需要处理的视频导入 Photoshop 工作区进行编辑，如图 1-38 所示，然后在时间线上添加素材。单击时间线前面的胶片图标按钮，然后在弹出的下拉列表中选择“添加媒体...”选项，在此可以添加图片、视频等素材，如图 1-39 所示。单击时间线前面的音乐图标按钮，在此可以添加音频等素材，如图 1-40 所示。

图 1-38　打开视频文件界面

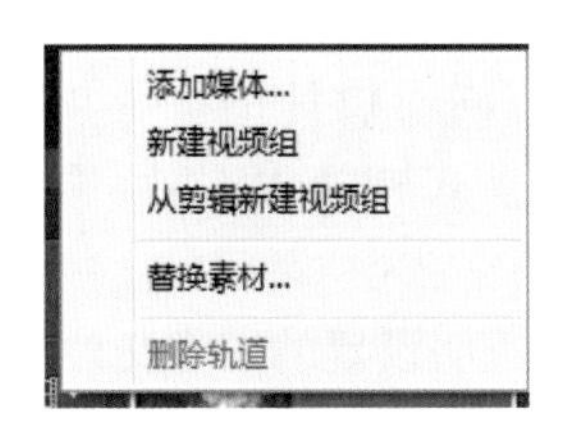

图 1-39　“添加媒体...”选项

图 1-40　“添加音频...”选项

Photoshop CS6 还可以通过设置关键帧的形式来设置素材的动画效果，关键帧的设置也是和 Premiere 非常相似的，可以通过设置素材的位置、透明度、风格来得到丰富多彩的动画效果。

5. 后台存储和自动恢复

相比较 Adobe Photoshop CS5，Photoshop CS6 更加智能化、更加人性化了，后台存储和自动恢复功能就是最好的表现。

Photoshop CS6 改善性能以协助提高用户的工作效率——即使在后台存储大型的 Photoshop 文件，也能同时让用户继续工作，“自动恢复”选项可在后台工作，因此可以在不影响用户操作的同时存储编辑内容，每隔 10 分钟存储用户工作内容，以便在意外关机时可以自动恢复文件。可以通过选择菜单“编辑”→“首选项”→“文件处理”命令，在弹出的如图 1-41 所示对话框中进行设置。

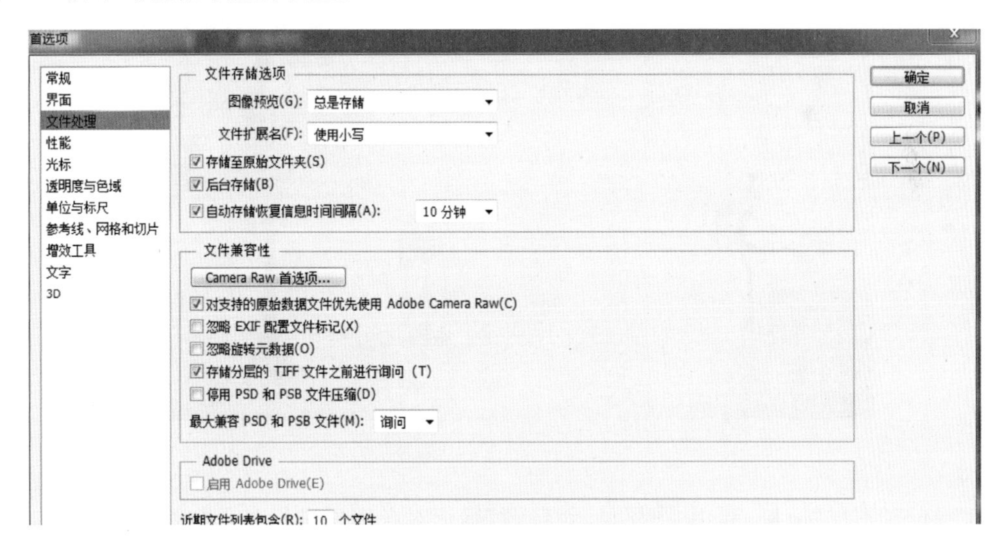

图 1-41　“文件处理”对话框设置

一、填空题

1. Photoshop 图像最基本的组成单元是________。
2. 计算机处理的图形图像有两种，分别是________和________，其中，放大时不会发生失真现象的是________，占用存储空间比较大的是________。

3. Photoshop默认的颜色模式是________，专为印刷而设计的颜色模式是________。为防止颜色丢失现象的发生，在Photoshop中将RGB模式转换为CMYK模式时，应利用________作为中间过渡模式。

4. Photoshop专用的图像文件格式是________，支持透明设置的图像文件格式有________格式和________格式。

5. Photoshop CS6的工作界面主要由________、菜单栏、工具选项栏、面板和________等组成。

6. 若要将RGB模式的图像转化为位图模式的图像，正确的做法是先将图像转化为________模式，再转化为位图模式。

7. "历史记录"面板下方三个按钮的名称从左向右依次是________、________和删除当前状态。

二、上机实训

1. 启动Photoshop CS6，说出Photoshop窗口中各部分的名称，对工具箱进行伸缩变换，对面板进行展开与收缩、拆分与组合操作。

2. 打开图像文件"卡通彩绘风景.jpg"，如图1-42所示。

图1-42 图片"卡通彩绘风景.jpg"

3. 打开"图层"面板，利用"图层显示/隐藏"标记对各图层进行显示与隐藏的切换。

4. 利用"抓手工具"和"导航器"面板改变图像在窗口中的显示位置。

5. 利用"历史记录"面板将图像恢复为刚打开时的状态。

6. 再同时打开另外的两幅或更多幅图像，用不同的方式对各图像进行各种排列方式的设置。

7. 关闭所有图像，退出Photoshop CS6。

数码照片艺术处理

任务　聚光效果

任务要求

利用选区的创建与编辑功能，将图2-1所示原图实现如图2-2所示的聚光效果（突出主体的时候把主体以外的部分加深、加暗处理，效果非常明显）。

图2-1　原图

图2-2　聚光效果

任务分析

- 利用“椭圆选框工具”建立选区。
- 设置选区的羽化值，然后反选。
- 创建新图层，利用“填充工具”对选区进行填充。
- 设置图层的不透明度并完成本任务。

制作流程

(1) 选择菜单“文件”→“打开”命令，打开第2章“素材2-1.jpg”文件，如图2-3所示。

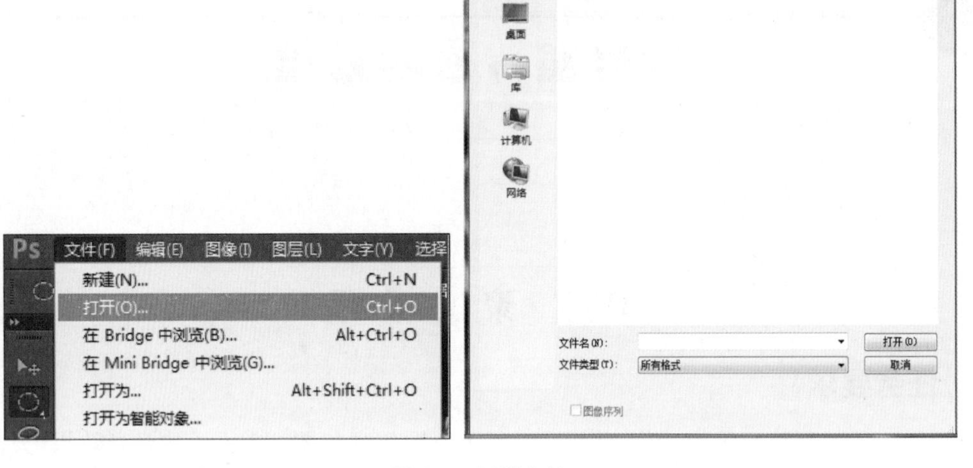

图 2-3　打开文件

(2) 选择工具箱中的“椭圆选框工具”，按住 Shift 键拖动鼠标，在图像中间拖出一个正圆选区，如图 2-4 所示(可以在绘制选区时按住空格键调整选区位置)。

(3) 选择菜单“选择”→“修改”命令，如图 2-5 所示，选择“羽化”选项，设定“羽化半径”的值为 50，如图 2-6 所示。

图 2-4　制作圆形选区

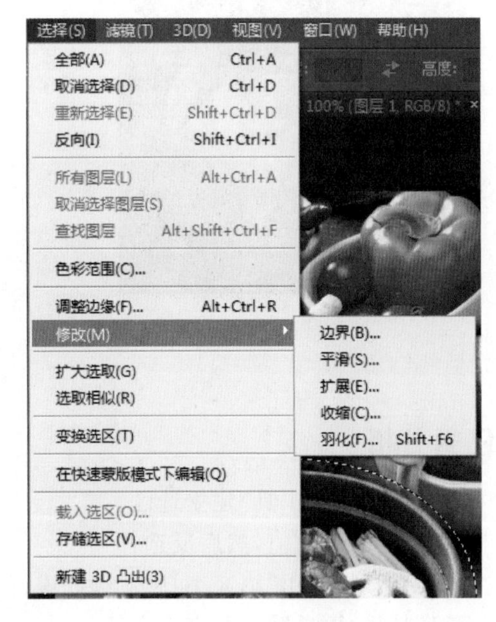

图 2-5　羽化

图 2-6　设置羽化值

(4) 选择菜单“选择”→“反向”命令，如图 2-7 所示，使选区反向选择(或者按 Shift+Ctrl+I 组合键)。

(5) 打开“图层”面板，在“背景”层上新建一个“图层 1”，如图 2-8 所示，用“油漆桶工具”在图像上填充黑色，如图 2-9 所示，并设置该图层的“不透明度”为 85%，如图 2-10 所示。完成制作后的效果如图 2-2 所示。

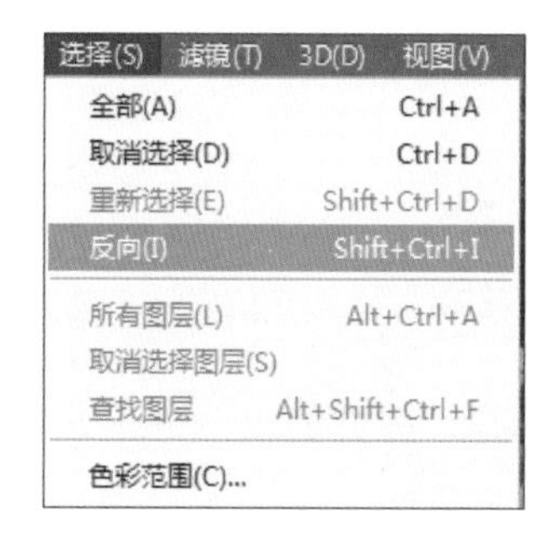

图 2-7　反选选区

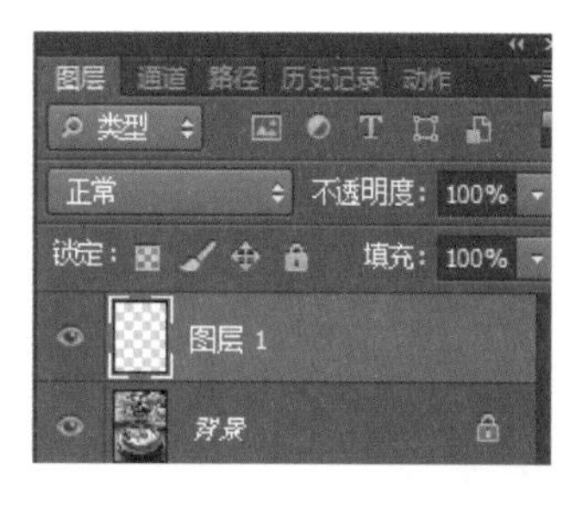

图 2-8　新建图层

图 2-9　填充黑色

图 2-10　设置“不透明度”为 85%

演示步骤视频

2.1 规则选择工具的使用

规则选择工具即为工具箱中的选框工具组，它包括“矩形选框工具”、“椭圆选框工具”、“单行选框工具”及“单列选框工具”，如图 2-11 所示。

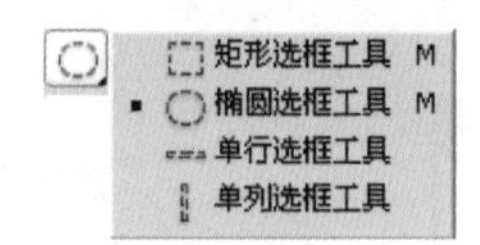

图 2-11 规则选择工具

1. 矩形选框工具

在图像上拖动鼠标，可创建矩形选区。同时按住 Shift 键可创建一个正方形选区。

2. 椭圆选框工具

在图像上拖动鼠标，可创建椭圆选区。同时按住 Shift 键可创建一个圆形选区。

3. 单行选框工具

在图像上单击可创建一个横向贯穿窗口、宽度为一个像素的水平线形选择范围。

4. 单列选框工具

在图像上单击可创建一个纵向贯穿窗口、宽度为一个像素的垂直线形选择范围。

2.2 选区的羽化

羽化的作用是柔化选区的边缘，使边缘产生一个自然的过渡效果。数值越大，柔和效果越明显，如图 2-12～图 2-14 所示。

图 2-12 羽化值为 0

图 2-13 羽化值为 5

图 2-14 羽化值为 10

可通过工具选项栏中的“羽化”选项设置羽化值，如图 2-15 所示；也可通过选择菜单“选择”→“修改”→“羽化”命令来设置羽化值，如图 2-16 所示。

图 2-15　工具选项栏中的“羽化”选项设置羽化值

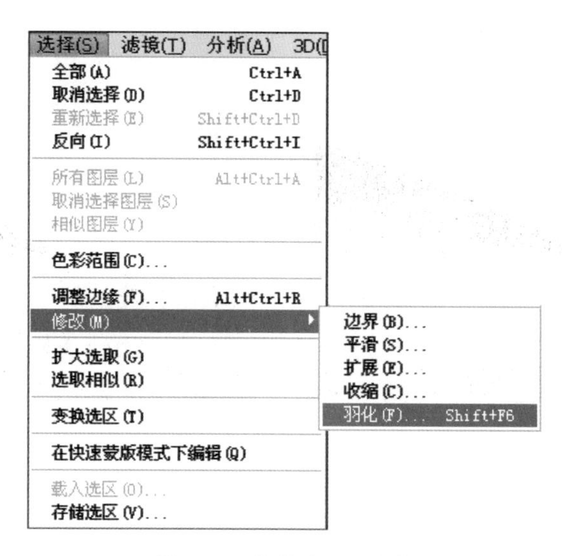

图 2-16　菜单设置羽化值

2.3　油漆桶工具

“油漆桶工具”用于对图像进行图案填充与单色填充，但不能对位图图像进行填充。选择该工具后，打开工具选项栏，如图 2-17 所示。

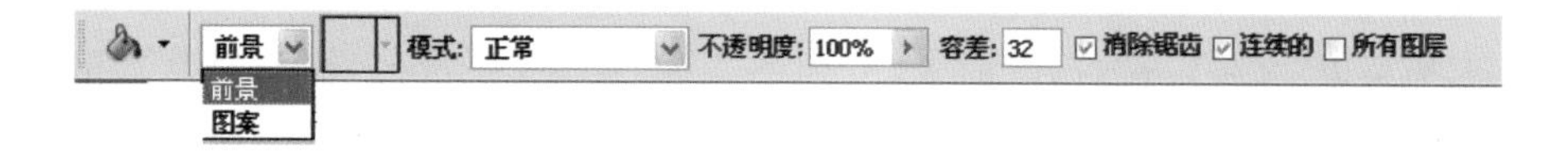

图 2-17　“油漆桶工具”选项栏

（1）“设置填充区域的源”下拉列表：从中可以选择“前景”和“图案”两个选项。选择“前景”则给选区填充前景色（单色）；选择“图案”则其右侧的“图案列表”按钮被激活，可以选择用于填充的图案。

（2）“模式”：用来设置选区内填充的图案或前景色与图像原有的底色混合的方式，从“模式”下拉列表中选择不同的混合模式，可以创建各种特殊的图像效果。

（3）“不透明度”：用来设置填充的图案或前景色的“不透明度”，数值越小，透明度越好。

（4）“容差”：用来定义填充像素的颜色相似程度，取值范围为 0～255。容差值越大，填充的范围越大。

任务　照片合成

任务要求

利用“魔棒工具”与图 2-18 所示原图，制作完成如图 2-19 所示的效果图。

图 2-18　原图

图 2-19　照片合成效果

任务分析

- 利用“魔棒工具”对部分图像建立选区。
- 使用“移动工具”对所选图像进行移动复制。
- 使用菜单“编辑”→“变换”命令对图像进行缩放调整，完成图像的合成。

制作流程

(1) 选择菜单“文件”→“打开”命令，打开第 2 章“素材 2-2.jpg”及“素材 2-3.jpg”文件，如图 2-20 和图 2-21 所示。

(2) 选中“素材 2-3.jpg”文档，选择工具箱中的“魔棒工具”，利用“魔棒工具”对小狗周围图片建立选区，再选择菜单“选择”→“反选”命令，选中小狗部分，如图 2-22 所示。

(3) 选择工具箱中的“移动工具”，使用“移动工具”将选中的小狗图像移动到“素材 2-2.jpg”图像中，如图 2-23 所示。

(4) 选择菜单“编辑”→“变换”→“缩放”命令(或按 Ctrl＋T 组合键)对图像进行缩放调整，如图 2-24 所示。

(5) 按住 Alt 键结合“移动工具”再复制一个小狗的图像，调整大小合适后完成制作，效果如图 2-25 所示。

图 2-20　打开素材文件

图 2-21　素材文件

图 2-22　选择"魔棒工具"和"反选"命令对小狗建立选区

图 2-23　将图像移动到素材图像中

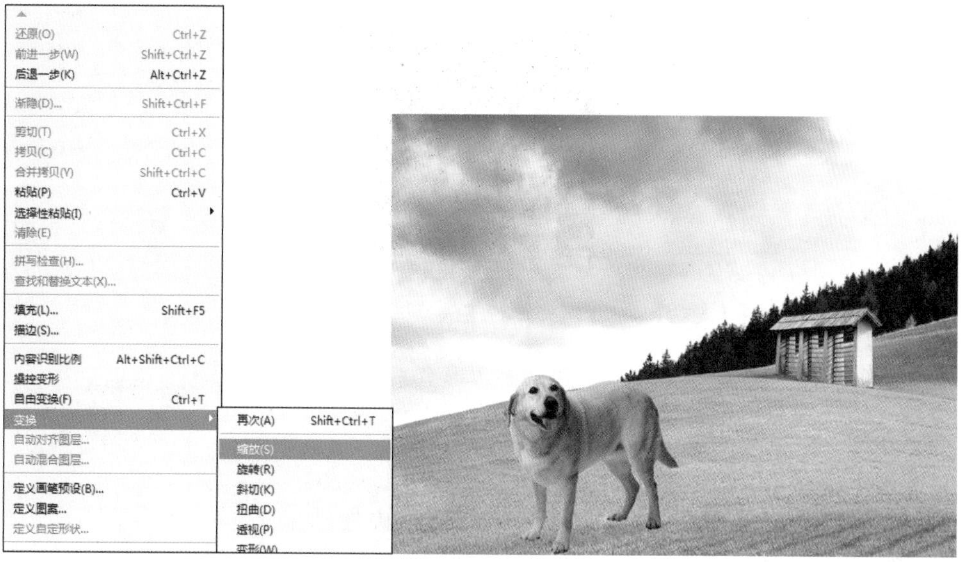

还原(O) Ctrl+Z
前进一步(W) Shift+Ctrl+Z
后退一步(K) Alt+Ctrl+Z
渐隐(D)... Shift+Ctrl+F
剪切(T) Ctrl+X
拷贝(C) Ctrl+C
合并拷贝(Y) Shift+Ctrl+C
粘贴(P) Ctrl+V
选择性粘贴(I)
清除(E)
拼写检查(H)...
查找和替换文本(X)...
填充(L)... Shift+F5
描边(S)...
内容识别比例 Alt+Shift+Ctrl+C
操控变形
自由变换(F) Ctrl+T
变换
自动对齐图层...
自动混合图层...
定义画笔预设(B)...
定义图案...
定义自定形状...
再次(A) Shift+Ctrl+T
缩放(S)
旋转(R)
斜切(K)
扭曲(D)
透视(P)
变形(W)

图 2-24　对图像进行缩放调整

图 2-25　完成效果图

演示步骤视频

2.4 不规则选择工具

不规则选择工具包括"套索工具"、"多边形套索工具"和"磁性套索工具"，如图 2-26 所示。

图 2-26 不规则选择工具

1. 套索工具

"套索工具"类似于徒手绘画工具，只需在图形内拖动鼠标，移动的轨迹就是选择的边界，同时按住 Alt 键，可以绘制直线。如果起点和终点不在一个点上，那么默认通过直线使之连接。

"套索工具"的优点是使用方便、操作简单；缺点是难以控制，所以主要用在精度不高的区域选择上，如图 2-27 所示。

2. 多边形套索工具

"多边形套索工具"用来在图像中制作由直线组成的多边形选区。当按住 Shift 键时，可以创建出垂直线、水平线和 45°线。

"多边形套索工具"最适合不规则直边对象的抠取，如图 2-28 所示。

图 2-27 使用"套索工具"对衣服建立选区

图 2-28 使用"多边形套索工具"对门建立选区

3. 磁性套索工具

"磁性套索工具"类似于一个感应选择工具，是一种具有识别边缘功能的套索工具，它根据要选择的图像边界像素点的颜色来决定选择工作方式。在图像和背景色差别较大的地方，单击鼠标选取起点，然后沿图形边缘移动光标，“磁性套索工具”根据颜色差别自动选择，回到起点时会在光标的右下角出现一个小圆圈，表示区域已封闭，此时单击即可完成此操作。

“磁性套索工具”适合抠取边缘比较清晰、与背景反差较大的图像，如图 2-29 所示。“磁性套索工具”选项栏如图 2-30 所示。

图 2-29　使用“磁性套索工具”对礼帽建立选区

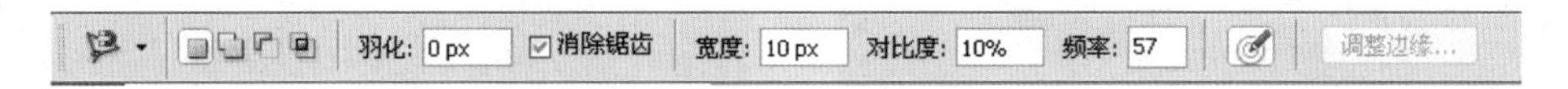

图 2-30　“磁性套索工具”选项栏

- “宽度”：可填入 1～256 的像素值，它可以设置一个像素宽度。“磁性套索工具”只检测从鼠标光标到指定的宽度距离范围内的边缘，然后在视图中绘制选区。
- “对比度”：可填入 1～100 的百分比值，它可以设置“磁性套索工具”检测边缘图像灵敏度。如果要选取的图像与周围的图像之间的颜色差异比较明显(对比度较强)，那么就应设置一个较高的百分数值。反之，对于图像较为模糊的边缘，应输入一个较低的边缘对比度百分数值。
- “频率”：可填入 0～100 的值，它可以设置此工具在选取时关键点创建的速率。设定的数值越大，标记关键点的速率越快，标记的关键点就越多；反之，设定的数值越小，标记关键点的速率越慢，标记的关键点就越少。当查找的边缘较复杂时，需要较多的关键点来确定边缘的准确性，可采用较大的频率值；当查找的边缘较光滑时，就不需要太多的关键点来确定边缘的准确性，可采用较小的频率值。

2.5　移动工具

“移动工具”主要用于移动图层中的图像或选择的对象，用鼠标单击“移动工具”或按快捷键 V 后，就会切换至“移动工具”。

移动时，可以用鼠标或方向键进行操作，用鼠标可以直接拖动对象至目标位置，可以实现幅度较大的移动；用方向键也可以进行相应方向的移动，但方向键移动的幅度较小，可以实现精确移动。移动对象时按住 Alt 键的同时拖动可实现对象的复制。

任务　移除照片中的人物

任务要求

利用内容识别功能，移除图 2-31 所示原图照片中的人物，最终效果如图 2-32 所示。

图 2-31　原图

图 2-32　移除照片中人物后的效果

任务分析

- 使用“套索工具”对要去除的人物进行选区的制作。
- 使用菜单“编辑”→“填充”命令中的“内容识别”功能把人物从图像中去除。

制作流程

(1) 选择菜单“文件”→“打开”命令，打开素材文件“素材 2-4.jpg”，如图 2-33 所示。

(2) 使用“套索工具”对要去除的人物建立选区，如图 2-34 所示。

(3) 选择菜单“编辑”→“填充”命令，如图 2-35 所示。

(4) 在弹出的“填充”对话框中，确认正在“使用”的功能是“内容识别”，“模式”为“正常”，“不透明度”为 100%，如图 2-36 所示。

(5) 取消选区后完成制作。

图 2-33　打开"素材 2-4.jpg"文件

图 2-34　建立人物选区

编辑(E)　图像(I)　图层(L)　选择(S)
还原状态更改(O)　Ctrl+Z
前进一步(W)　Shift+Ctrl+Z
后退一步(K)　Alt+Ctrl+Z
渐隐(D)...　Shift+Ctrl+F
剪切(T)　Ctrl+X
拷贝(C)　Ctrl+C
合并拷贝(Y)　Shift+Ctrl+C
粘贴(P)　Ctrl+V
选择性粘贴(I)
清除(E)
拼写检查(H)...
查找和替换文本(X)...
填充(L)...　Shift+F5
描边(S)...

图 2-35　选择"填充"命令

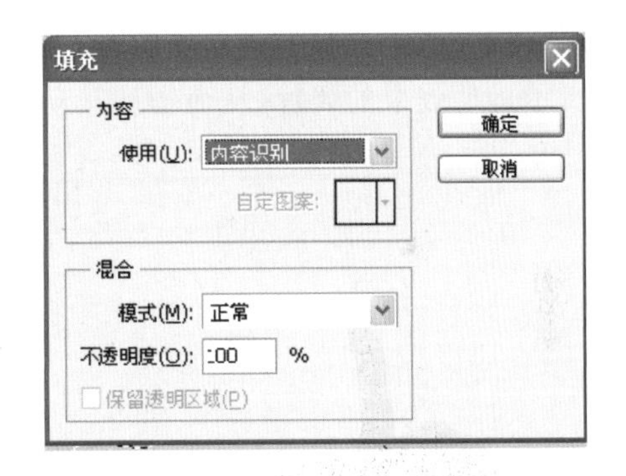

图 2-36　"填充"对话框选项

演示步骤视频

2.6　内容识别

Photoshop CS6 为用户带来了革命性的工具——内容识别，它轻松地将填充命令和污点修复画笔的能力提升到一个新的高度。

所谓内容识别，就是当对图像的某一区域进行覆盖填充时，由软件自动分析周围图像的特点，将图像进行拼接组合后填充在该区域并进行融合，从而达到快速无缝的拼接效果，使用时在“填充”对话框的“使用”下拉列表中选择即可，如图 2-37 所示。

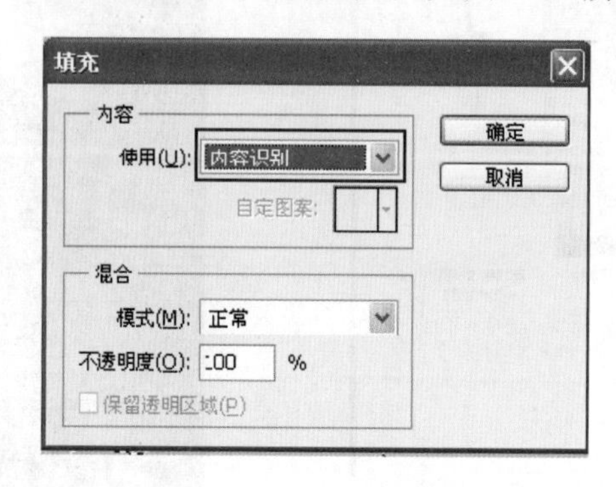

图 2-37　内容识别的使用

任务　动感照片

任务要求

将如图 2-38 所示一张人物动作照片通过 Photoshop 中的“操控变形”功能处理成具有图 2-39 所示运动效果的照片，从而增加其动感效果。

图 2-38　原图

图 2-39　效果图

任务分析

- 使用“魔棒工具”制作人物选区。
- 创建新图层 1，并将人物复制到“图层 1”上。
- 复制“图层 1”并命名为“图层 2”，利用“操控变形”功能将人物变形，并调整该图层“不透明度”为 60%。

■ 再复制“图层 1”并命名为“图层 3”，重复上一步“操控变形”，继续将人物进行变形，并调整该图层“不透明度”为 40%。
■ 调整图层顺序并合并图层，完成制作。

制作流程

(1) 选择菜单“文件”→“打开”命令，打开“素材 2-5.jpg”文件，如图 2-40 所示。

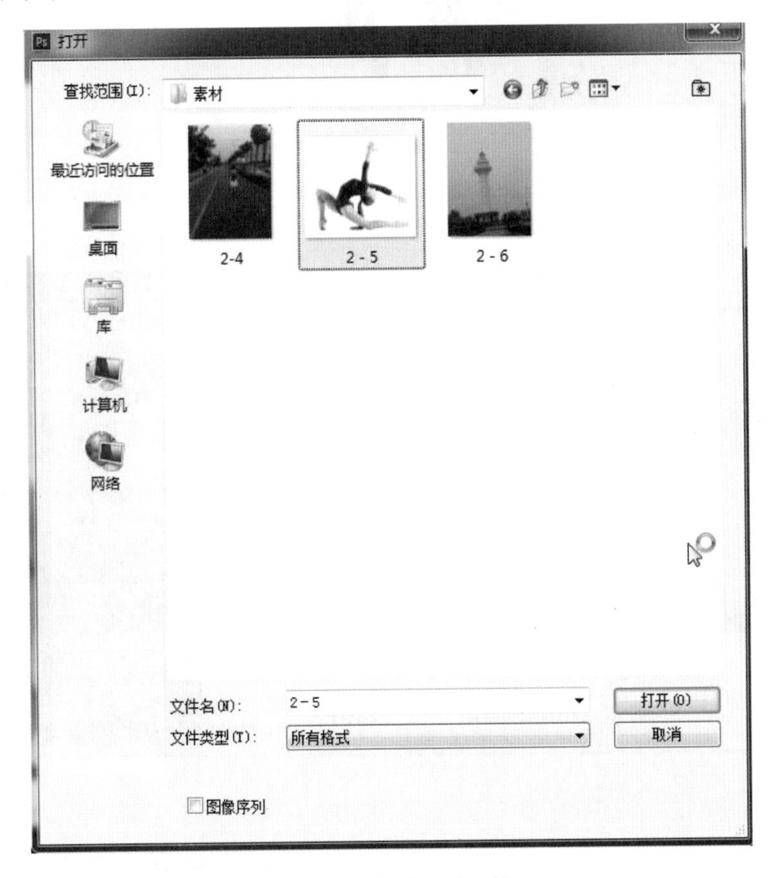

图 2-40　打开素材文件

(2) 选择工具箱中的“魔棒工具”，对图像中的人物建立选区，然后按 Shift+Ctrl+I 组合键对选区进行反选，如图 2-41 所示。

(3) 选择菜单“图层”→“新建”→“通过剪切的图层”命令，创建“图层 1”，如图 2-42 和图 2-43 所示。

(4) 选中“图层 1”并右击，在弹出的快捷菜单中选择“复制图层”命令，并在弹出的对话框中将复制的图层命名为“图层 2”，如图 2-44 所示。

(5) 选中“图层 2”，选择菜单“编辑”→“操控变形”命令，如图 2-45 所示。

(6) 人物图像的身体会有网格出现，可以通过选项栏改变网格的浓度程度，点越多，细节可以调整得越好，如图 2-46 所示。

(7) 在人物主要关节处单击添加图钉(就是一个黄色的圆点)，通过移动这些圆点，就能够改变人物肢体的位置了，然后按 Enter 键结束变形，如图 2-47 所示。

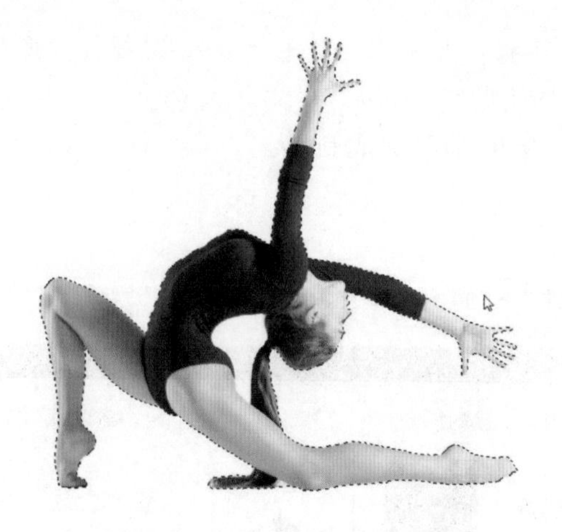

图 2-41　在图像中建立人物选区并反选

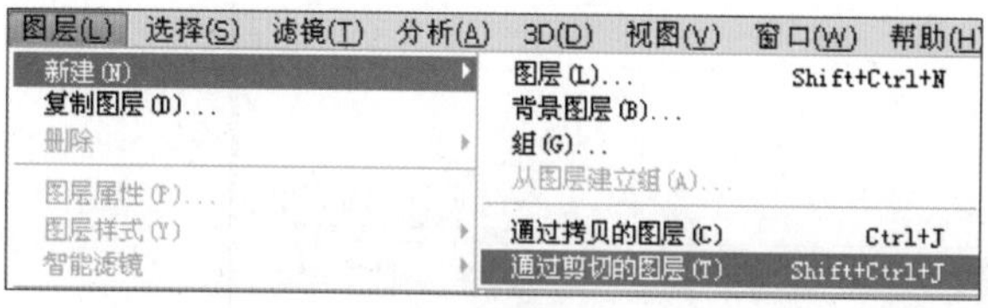

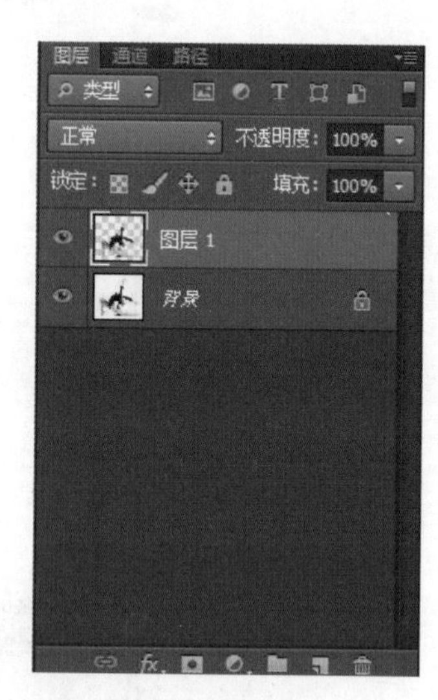

图层(L)
选择(S)
滤镜(T)
分析(A)
3D(D)
视图(V)
窗口(W)
帮助(H)
新建(N)
复制图层(D)...
删除
图层属性(P)...
图层样式(Y)
智能滤镜
图层(L)...　Shift+Ctrl+N
背景图层(B)...
组(G)...
从图层建立组(A)...
通过拷贝的图层(C)　Ctrl+J
通过剪切的图层(T)　Shift+Ctrl+J

图 2-42　创建“图层 1”

图层　通道　路径
类型
正常
不透明度: 100%
锁定:
填充: 100%
图层 1
背景

图 2-43　复制图层

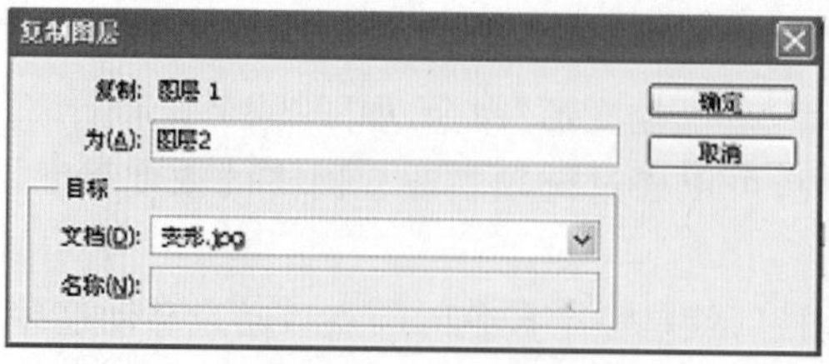

复制图层
复制: 图层 1
为(A): 图层2
目标
文档(D): 变形.jpg
名称(N):
确定
取消

图层　通道　路径
类型
正常
不透明度: 100%
锁定:
填充: 100%
图层 2
图层 1
背景

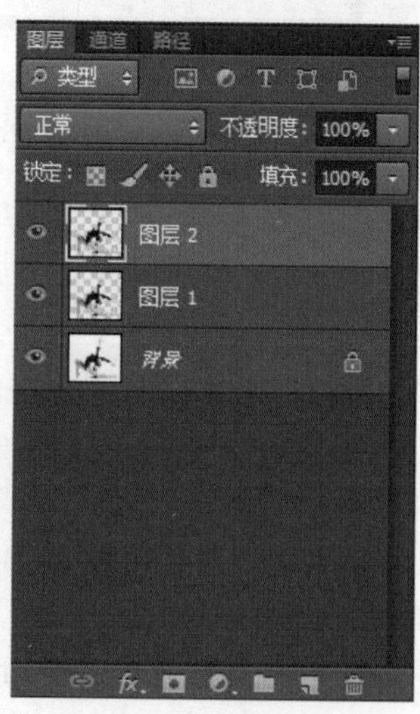

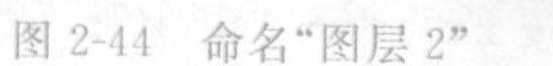

图 2-44　命名“图层 2”

图 2-45　选择“操控变形”命令

图 2-46　人物图像中的网格

图 2-47　通过“操控变形”改变人物肢体位置

(8) 调整"图层 2"的"不透明度"为 60%，如图 2-48 所示。

图 2-48　调整"图层 2"的"不透明度"为 60%

(9) 选中"图层 2"并右击，在弹出的快捷菜单中选择"复制图层"命令，并在弹出的对话框中将复制的图层命名为"图层 3"。依照(5)～(7)步骤继续调整人物肢体位置，并设置"图层 3"的"不透明度"为 40%，如图 2-49 所示。

图 2-49　设置"图层 3"的"不透明度"为 40%

(10) 调整"图层 1"的顺序，将"图层 1"置于最上层，保存文件后完成操作，如图 2-50 所示。

演示步骤视频

图 2-50　调整图层顺序完成制作

2.7 操控变形

选择菜单“编辑”→“操控变形”命令，可以看到被操控的对象身上出现了密密麻麻的网格，它把对象分割成了一个个的小块。假如想调整分割的密度，可运用选项栏上的“浓度”选项，较高的密度可执行细处的调节，较低的密度可快速摆出想要的姿态。按 Ctrl＋H 组合键，或取消“显示网格”选项，就可把网格消除。对将要执行“操控变形”的图像进行设定，这个时候光标变成图钉的样式，运用它来定义变形关节。在图像上单击，就会在单击的地方加上一图钉(就是一个黄色的圆点，黄色圆点中有黑色的小点时表示该点为当前选中的点)。按住 Alt 键，当光标变成剪刀样子的时候就可以删除该点。设定好关节点后，通过移动这些圆点，就能够改变被操控对象的位置了。调节结束后，按 Enter 键结束操作。

总之，“操控变形”是十分实用的功能，适合动物类的运动表现。原始素材的形态相当重要，假如动态相对舒展，则获得的结果会相对理想；假如肢体相重叠，做起来就相对困难。

任务　照片扶正

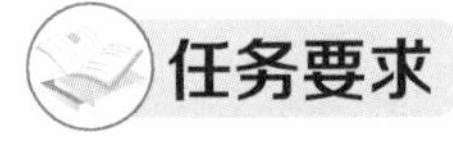

任务要求

一张如图 2-51 所示的原图，由于拍摄技术的原因把原来正的建筑拍斜了，可以利用“裁剪工具”将倾斜的照片调整过来，效果如图 2-52 所示。

图 2-51 原图

图 2-52 照片扶正效果

任务分析

- 使用“裁剪工具”将拍摄倾斜的照片框选。
- 选中“裁剪工具”选项栏上的“拉直”选项，将倾斜的照片扶正。

制作流程

(1) 选择菜单“文件”→“打开”命令，打开“素材 2-6.jpg”文件。
(2) 选择工具箱中的“裁剪工具”，在图像中出现一个裁剪框，如图 2-53 所示。

图 2-53 在图像中建立一个裁剪框

(3) 在“裁剪工具”选项栏中单击 按钮，打开“拉直”选项，如图 2-54 所示。
(4) 在图像中拖动鼠标拉出灯塔的垂直线，如图 2-55 所示。

图 2-54　打开“裁剪工具”中的“拉直”选项

图 2-55　拉出垂直线

(5) 调整后按 Enter 键结束，完成制作。

演示步骤视频

2.8 裁剪工具

“裁剪工具”可以在图像或图层中裁剪下所选定的区域。图像区域选定后，在选区边缘将出现 8 个控制点，用于改变选区的大小，同时还可以旋转选区。选区确定后，可通过双击选区、按 Enter 键、单击选项栏中的“提交当前裁剪操作”按钮三种方式确认裁剪。

在 Photoshop CS6 的“裁切工具”中，添加了全新的“透视裁剪工具”。“透视裁剪工具”可以将具有透视关系的影像进行裁剪，并把画面拉直纠正成正确的视角。

在 Photoshop 之前的版本中，等比例裁剪照片一直是件非常痛苦的工作，因为 Photoshop 的“裁剪工具”并没有等比例裁剪的选项。如今在 Photoshop CS6 中，等比例裁剪终于加入“裁剪工具”中了，如图 2-56 所示。

选择“裁剪工具”，在“裁剪工具”的属性框中，有一个等比例裁剪菜单，内置了从 1×1 方

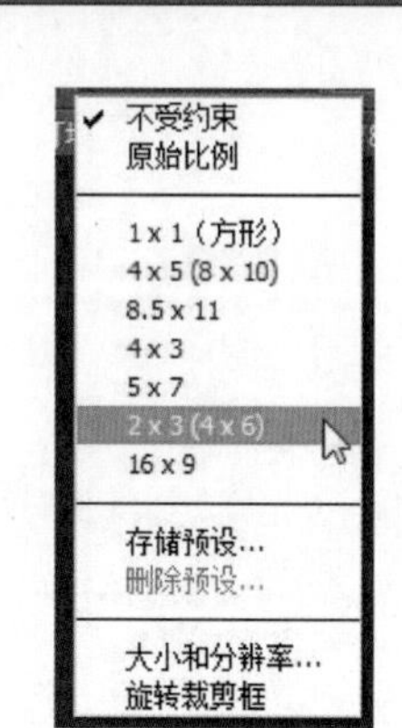

图 2-56 “裁剪工具”选项栏

形尺寸到常用的 2×3、4×3、4×5、5×7 等常用照片尺寸。

在选择等比例裁剪照片时，所选择的裁剪比例不会随着更改裁剪框的尺寸而发生变化，所以可以随意控制照片的被裁剪位置。

- “宽度”“高度”：可输入固定的数值，直接完成图像的裁剪。
- “分辨率”：输入数值确定裁剪后图像的分辨率，后面可选择分辨率的单位。
- “存储为裁剪预设”：可将本次裁剪的样式存储，下次需要使用时单击“存储预设”选项直接调用即可，如果不需要则可单击“删除预设”选项进行删除操作。
- “删除裁剪的像素”：在“裁剪工具”选项栏中有一名为“删除裁剪的像素”的选项，该选项默认为选择，所以需要取消选择，之后对照片进行裁剪操作。完成裁剪后，如果想从新显示被裁剪区域，只需再次选择“裁剪工具”，并单击画面便可以看到之前裁剪时被隐藏的画面，可以重新裁剪或者恢复原图。

任务　为照片添加彩虹效果

任务要求

利用“渐变工具”，为照片添加彩虹效果，如图 2-57 和图 2-58 所示。

图 2-57　原图

图 2-58　为照片添加彩虹效果

任务分析

- 创建新图层 1，并在“图层 1”上选择“渐变工具”进行填充前的准备。
- 打开“渐变编辑器”对话框，进行彩虹渐变的设置。
- 在“渐变工具”选项栏上选择“径向渐变”方式，在“图层 1”上进行渐变填充。
- 选择菜单“编辑”→“变换”命令对彩虹进行适当调整。
- 设置“图层 1”“不透明度”完成制作。

制作流程

（1）选择菜单“文件”→“打开”命令，打开“素材 2-7.jpg”文件。

（2）选择“渐变工具”，打开“渐变编辑器”对话框，设置彩虹渐变方案，如图 2-59 和图 2-60 所示。

图 2-59　“渐变工具”及选项栏

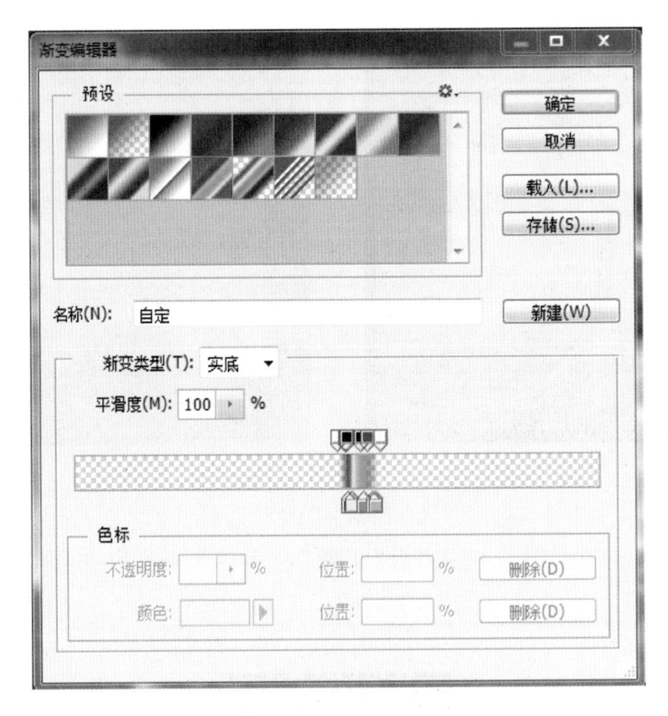

图 2-60　在“渐变编辑器”对话框中设置彩虹渐变方案

（3）新建“图层 1”，在“渐变工具”选项栏中选择“径向渐变”方式，并在“图层 1”上进行渐变填充，如图 2-61 所示。

（4）按 Ctrl+T 组合键，对“图层 1”上的图像进行自由变换，再使用“移动工具”对图像

图 2-61　在“图层 1”中进行“径向渐变”填充

进行移动，如图 2-62 所示。

（5）使用橡皮擦对多余的部分图像进行擦除，如图 2-63 所示，再使用“移动工具”对图像进行适当移动。

图 2-62　对彩虹部分进行调整

图 2-63　对图像中多余部分进行擦除

（6）设置“图层 1”的“混合模式”为“正常”，“不透明度”为 30%，完成本例制作，如图 2-64 所示。

演示步骤视频

图 2-64　设置"图层 1"模式及不透明度

2.9　填充工具

"填充工具"主要包括"渐变填充工具"和"油漆桶工具"(前面已介绍)。

"渐变填充工具"可以在图像区域或图像选择区域中填充一种渐变混合色。"渐变填充工具"不能用于位图、索引颜色或每通道 16 位模式的图像。使用方法是拖动鼠标形成一条直线,直线的长度和方向决定渐变填充的区域与方向。如果在拖动鼠标时按住 Shift 键,就可保证渐变的方向是水平、竖直或成 45°角。默认的渐变是创建一个从前景色逐渐混合到背景色的填充。"渐变工具"选项栏如图 2-65 所示。

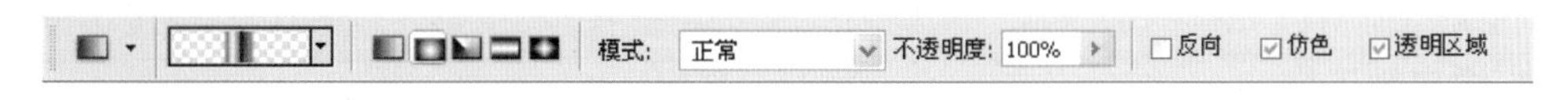

图 2-65　"渐变工具"选项栏

单击"渐变工具"选项栏中的"点按可编辑渐变"下拉列表框 ，打开"渐变编辑器"对话框,如图 2-66 所示,可以通过此对话框建立一个新的渐变色或编辑一个旧的渐变色。

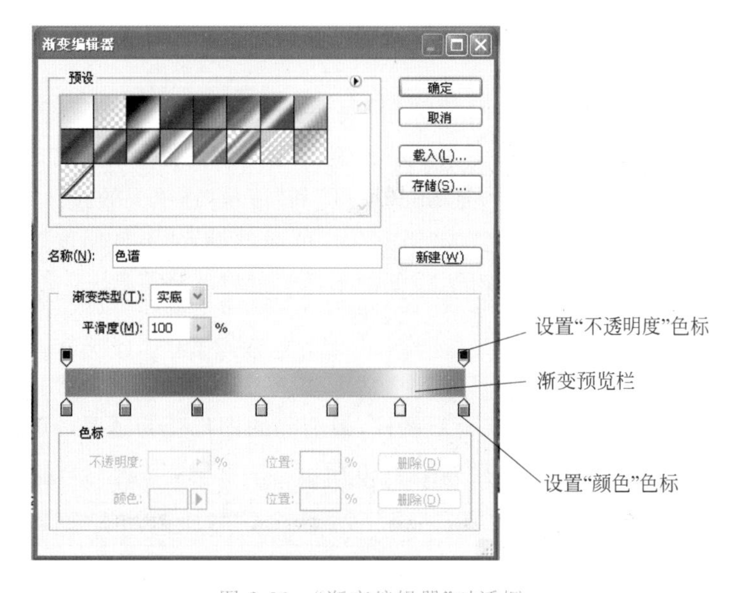

图 2-66　"渐变编辑器"对话框

- “预设”：可从列表区中选择渐变样式。
- “渐变类型”：用来设置渐变的类型。
- “平滑度”：可设置颜色过渡的效果，数值越大，过渡效果越自然。
- 渐变设计条：用来定义新的编辑样式。

“渐变工具”有 5 种渐变类型：线性渐变、径向渐变、角度渐变、对称渐变及菱形渐变，如图 2-67 所示。

图 2-67　5 种渐变类型

2.10 橡皮擦工具组

橡皮擦工具组主要用于擦除图像中多余的图像，共包括三个工具，如图 2-68 所示。

图 2-68　橡皮擦工具组

1. 橡皮擦工具

“橡皮擦工具”用于对图像区域进行清理，被清除的区域将填充为背景色。其工具选项栏如图 2-69 所示。

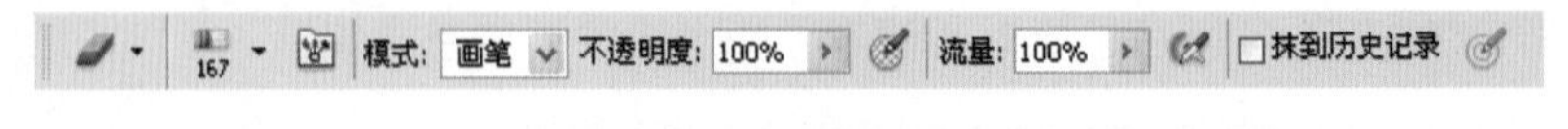

图 2-69　“橡皮擦工具”选项栏

- “模式”：该列表框有“画笔”“铅笔”和“块”三个选项。当选择“画笔”或“铅笔”模式时，“橡皮擦工具”如同“画笔工具”或“铅笔工具”；当选择“块”模式时，该工具具有硬边缘和固定大小的方块形状，且“不透明度”和“流量”选项无效。
- “不透明度”：当模式为“画笔”或“铅笔”时，可通过设置“不透明度”来定义擦除的强度。100%不透明度将完全擦除，较低的不透明度将部分擦除。
- “流量”：设置描边的流动速率。

2. 背景橡皮擦工具

“背景橡皮擦工具”用于清除背景图像，被清除的图像变为透明的图层，同时背景图层自动变为普通图层。其工具选项栏如图 2-70 所示。

图 2-70　“背景橡皮擦工具”选项栏

- “取样”：包括“连续”（随着拖动连续采取色样）、“一次”（只抹除包含第一次单击的颜色的区域）和“背景色板”（只抹除包含当前背景色的区域）。
- “限制”：有三种模式。“不连续”（抹除出现在画笔下面任何位置的样本颜色）、“邻续”（抹除包含样本颜色并且相互连接的区域）和“查找边缘”（抹除包含样本颜色的连接区域，同时更好地保留形状边缘的锐化程度）。
- “容差”：输入值或拖动滑块。低容差仅限于抹除与样本颜色非常相似的区域。高容差抹除范围更广的颜色。
- “保护前景色”：可防止抹除与工具框中的前景色匹配的区域。

3. 魔术橡皮擦工具

用“魔术橡皮擦工具”在图像上单击时，会自动擦除所有相似的颜色。如果是在锁定了透明区域的图层中擦除图像，被擦除的颜色会更改为背景色，否则擦除区域变为透明。其工具选项栏如图 2-71 所示。

图 2-71　“魔术橡皮擦工具”选项栏

- “消除锯齿”：可使抹除区域的边缘平滑。
- “连续”：只抹除与单击像素连续的像素，取消选择则抹除图像中的所有相似像素。
- “对所有图层取样”：利用所有可见图层中的组合数据来采集抹除色样。

任务　动感扣篮照片制作

任务要求

利用“仿制图章工具”，制作动感扣篮照片，如图 2-72 和图 2-73 所示。

图 2-72　扣篮照片原图

图 2-73　动感扣篮照片效果

任务分析

- 利用“仿制图章工具”制作三个扣篮图像。
- 使用文字工具添加文字。

■ 栅格化文字图层，并对文字图层样式进行设置。

■ 选择菜单“编辑”→“变换”→“变形”命令对文字进行变形处理。

制作流程

(1) 选择菜单“文件”→“打开”命令，打开“素材 2-8.jpg”文件。

(2) 选择“仿制图章工具” ，按住 Alt 键在图中选取合适的取样点，设置合适的画笔笔尖对扣篮图像进行仿制，如图 2-74 所示。

图 2-74　对扣篮图像进行仿制(1)

(3) 重新设置仿制图章的取样点，重复第(2)步骤的操作过程，完成对扣篮图像的仿制，如图 2-75 所示。

(4) 选择文字工具，输入“飞得更高”，并调整字体大小，如图 2-76 所示。

图 2-75　对扣篮图像进行仿制(2)

图 2-76　输入“飞得更高”

（5）设置文字图层样式为“渐变叠加”与“斜面和浮雕”，如图 2-77 所示。

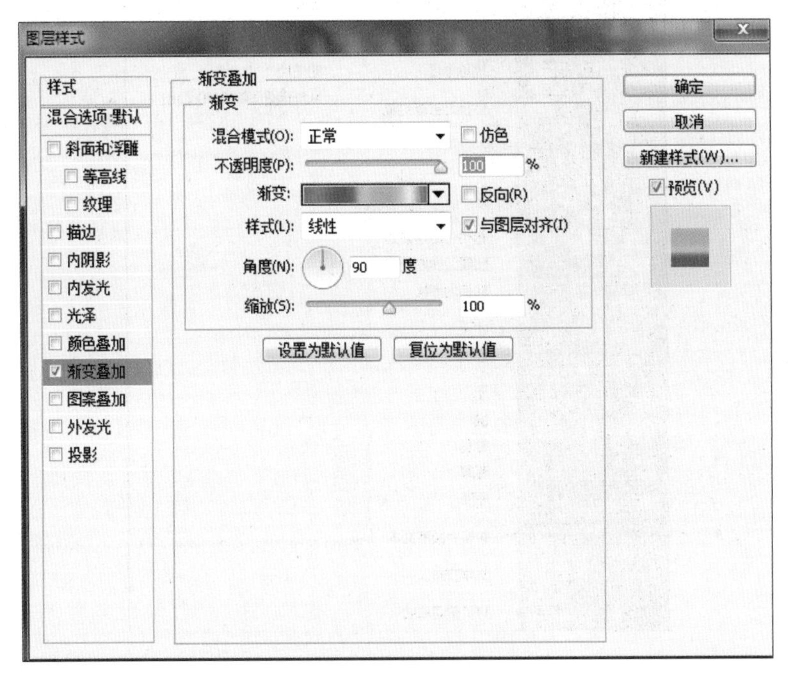

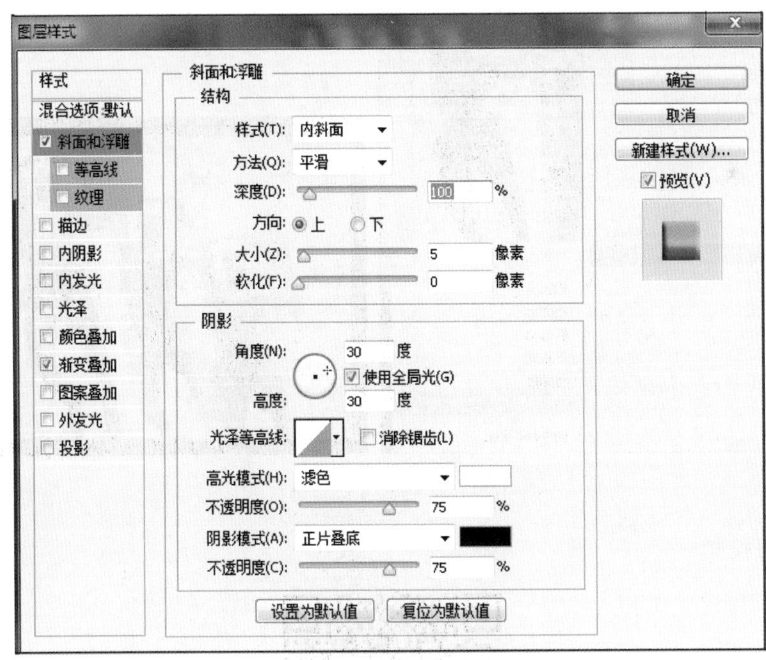

图 2-77　设置“渐变叠加”与“斜面和浮雕”样式

（6）在“图层”面板中选中文字层右击，在弹出的快捷菜单中选择“栅格化文字”命令，将文字图层转换成普通图层，如图 2-78 所示。

（7）选择菜单“编辑”→“变换”→“变形”命令，对文字进行变形处理，完成制作，如图 2-79 所示。

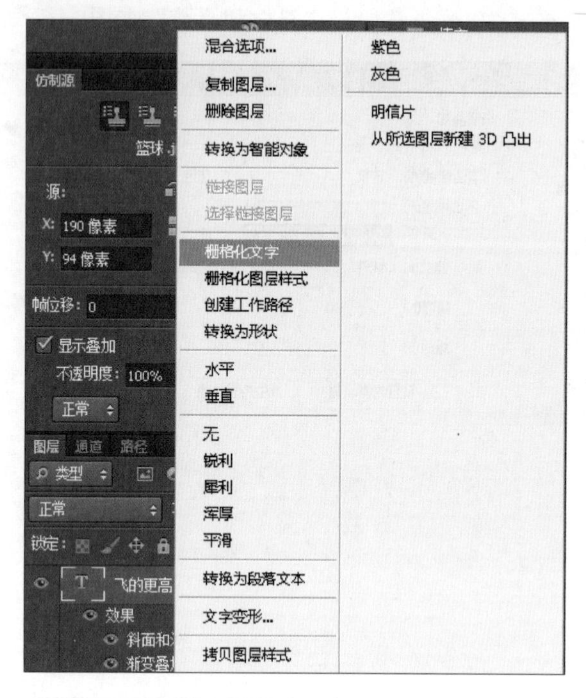

图 2-78　栅格化文字图层

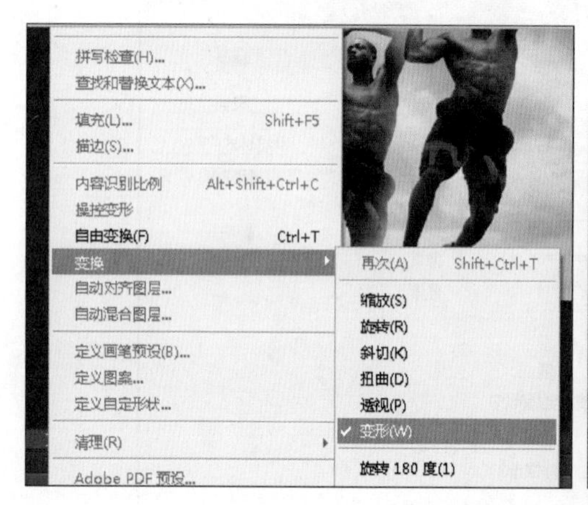

图 2-79　对文字进行变形处理

演示步骤视频

2.11　图章工具组

在 Photoshop 中，图章工具根据其作用方式被分成两个独立的工具："仿制图章工具"和"图案图章工具"，它们一起组成了 Photoshop 的一个图章工具组。

1. 仿制图章工具

"仿制图章工具"是 Photoshop 工具箱中很重要的一种编辑工具。在实际工作中，仿制图章可以复制图像的一部分或全部，从而产生某部分或全部的复制，它是修补图像时经常要用到的编辑工具。"仿制图章工具"选项栏如图 2-80 所示。

图 2-80　"仿制图章工具"选项栏

利用"仿制图章工具"复制图像如图 2-81 所示，首先要按住 Alt 键，利用图章设置好一个取样点，然后放开 Alt 键，反复涂抹就可以复制了。

图 2-81　利用"仿制图章工具"复制图像

2. 图案图章工具

"图案图章工具"是用所选择的图案进行复制性质的绘画，可以从图案库中选择图案，也可以自己创建图案。其工具选项栏如图 2-82 所示。

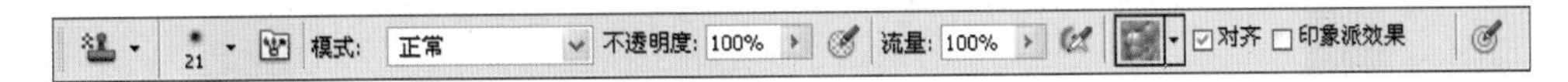

图 2-82　"图案图章工具"选项栏

(1) "图案"：可以从图案库中选择要填充的图案，也可以自定义图案，具体定义方法如下。

① 在图像中选取预定义的图像区域。

② 选择菜单"编辑"→"定义图案"命令，在弹出的对话框中输入图案名称，单击"确定"按钮。

③ 选择"图案图章工具"并选择自定义图案，在图像中拖动鼠标即可复制图案。

(2) "印象派效果"：选中此复选框，可对填充的图案应用"印象派效果"。

任务　瑕疵照片的修复

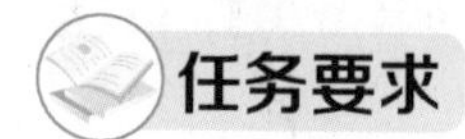

任务要求

利用修复工具组的工具，修复有瑕疵的照片，如图 2-83 和图 2-84 所示。

图 2-83　儿童瑕疵照片原图

图 2-84　儿童瑕疵照片的修复效果

任务分析

- 利用“内容识别”功能，去掉照片中的纸箱。
- 使用修复工具组中的工具去除孩子脸上的痘印。
- 使用修复工具组中的工具去除照片拍摄时间。
- 使用“红眼工具”去除红眼。

制作流程

（1）选择菜单“文件”→“打开”命令，打开“素材 2-9.jpg”文件。

（2）选择“矩形选框工具”，在纸箱处建立一个矩形选区，然后右击，在弹出的快捷菜单中选择“填充”命令，在打开的“填充”对话框中使用“内容识别”功能，去除纸箱，然后取消选区，如图 2-85 所示。

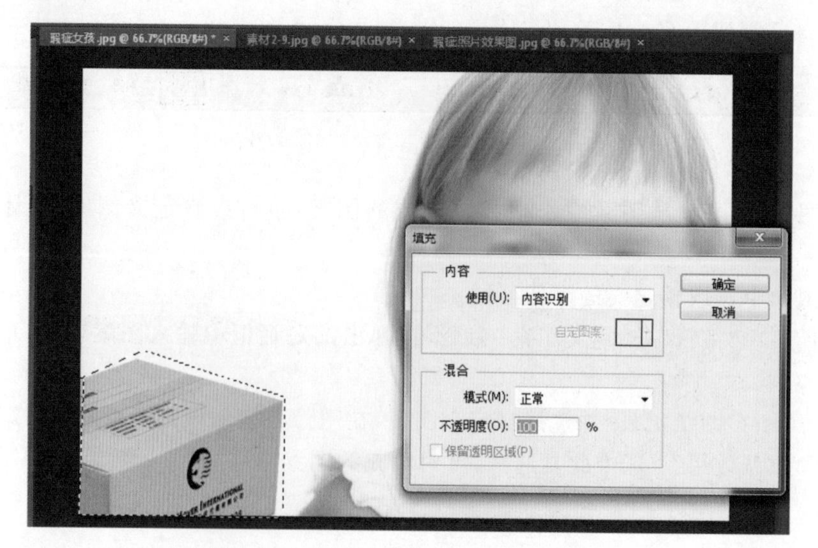

图 2-85　利用“内容识别”功能去除纸箱

(3) 选择修复工具组中的“污点修复画笔工具”，设置合适的画笔直径，在痘印处单击去除痘印；或者使用“修复画笔工具”，按住 Alt 键，设置取样点后在图像中单击以去除痘印，如图 2-86 所示。

(4) 使用“修补工具”，在图像中拖动鼠标以选择想要修复的区域，并在选项栏中选择“源”选项。将选区边框拖动到想要从中进行取样的区域。松开鼠标按钮时，原来选中的区域被使用样本像素进行修补，再配合“修复画笔工具”将拍照日期去除，如图 2-87 所示。

图 2-86　去除痘印

图 2-87　去除拍照日期

(5) 使用“红眼工具”，在人物的眼睛处单击，将图像中人物的红眼去除，如图 2-88 所示。

(6) 设置前景色为♯f0a124，在文字工具组中选择“直排文字工具”，在图像中输入“大小”为 78 点的“童眼看世界”文字，如图 2-89 所示。

图 2-88　去除人物的红眼

图 2-89　输入文字

(7) 双击文字图层打开“图层样式”对话框，分别设置“投影”“外发光”及“斜面和浮雕”样式，完成制作，具体设置如图 2-90～图 2-92 所示。

演示步骤视频

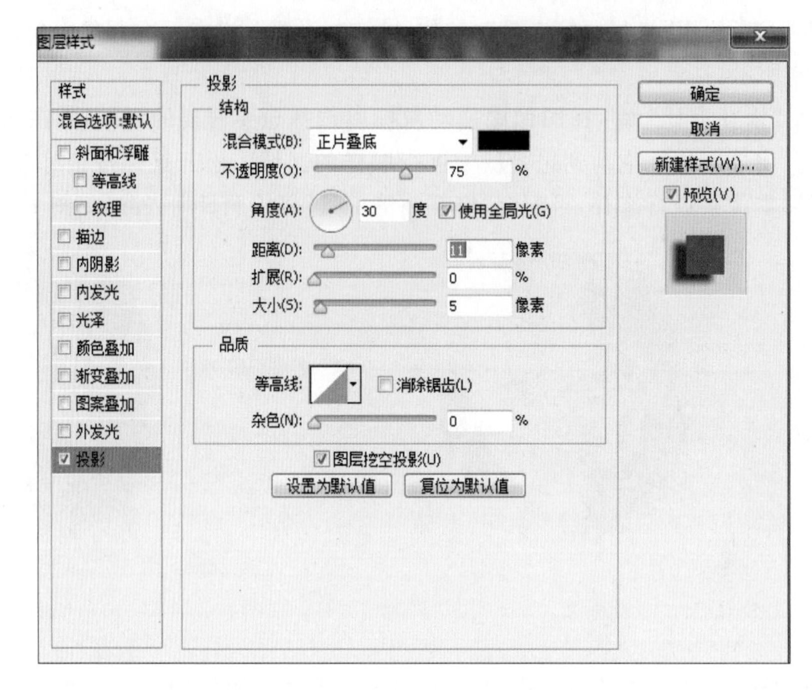

图 2-90　设置“投影”样式

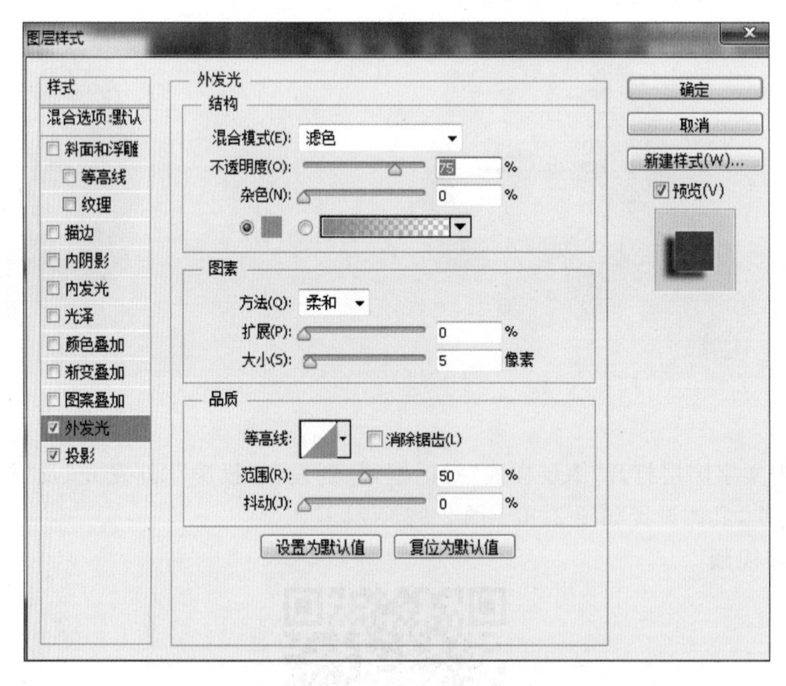

图 2-91　设置“外发光”样式

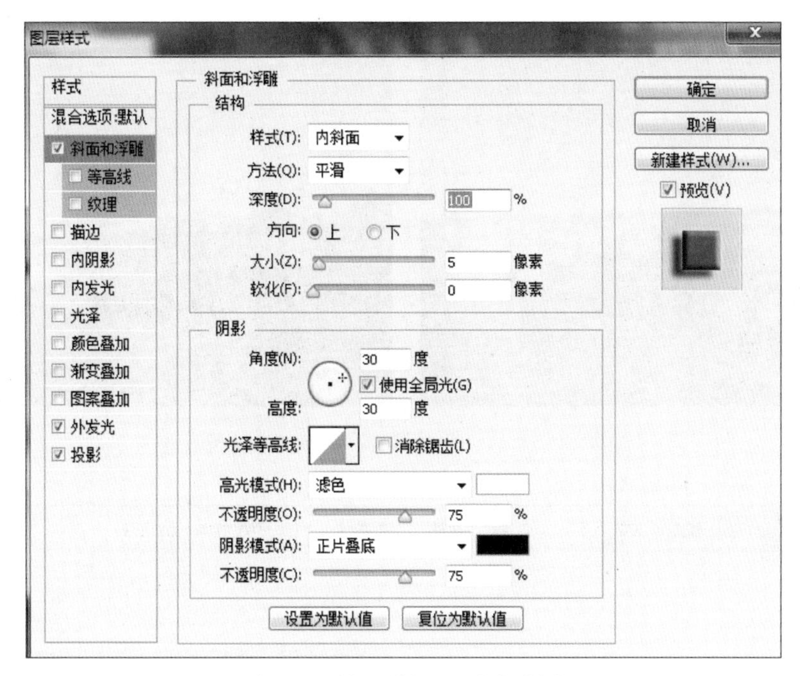

图 2-92　设置“斜面和浮雕”样式

2.12　修复工具组

修复工具组包括“污点修复画笔工具”、“修复画笔工具”、“修补工具”和“红眼工具”等。这些工具有很大的相似性。

1. 污点修复画笔工具

所谓污点修复，也就是把画面上的污点涂抹去。“污点修复画笔工具”可以快速移去照片中的污点和其他不理想部分。“污点修复画笔工具”的工作方式与“修复画笔工具”类似：它使用图像或图案中的样本像素进行绘画，并将样本像素的纹理、光照、透明度和阴影与所修复的像素相匹配。与“修复画笔工具”不同，不要求指定样本点。“污点修复画笔工具”将自动从所修饰区域的周围取样。其工具选项栏如图 2-93 所示。

图 2-93　“污点修复画笔工具”选项栏

使用“污点修复画笔工具”移去污点，效果如图 2-94 所示。

2. 修复画笔工具

“修复画笔工具”可用于校正瑕疵，使它们消失在周围的图像中。与“仿制工具”一样，使用“修复画笔工具”可以利用图像或图案中的样本像素来绘画。但是，“修复画笔工具”还可将样本像素的纹理、光照、透明度和阴影与所修复的像素进行匹配，从而使修复后的像素不留痕迹地融入图像的其余部分。其工具选项栏如图 2-95 所示。

“修复画笔工具”可以有两种取样方式，一种是选择图案，利用该图案对画面进行修复，如图 2-96 所示。

图 2-94　使用“污点修复画笔工具”移去污点

图 2-95　“修复画笔工具”选项栏

图 2-96　利用图案对画面进行修复

另一种是在图片上取样，选择“修复画笔工具”，同时按住 Alt 键在图片的某一个地方单击一下取样，然后在污点上单击一下，就把刚才取样区域的内容修复到当前这个污点，如图 2-97 所示。

图 2-97　利用取样对画面进行修复

3. 修补工具

通过使用“修补工具”，可以用其他区域或图案中的像素来修复选中的区域。像“修复画笔工具”一样，“修补工具”会将样本像素的纹理、光照和阴影与源像素进行匹配。还可以使用“修补工具”来仿制图像的隔离区域。“修补工具”可处理 8 位/通道或 16 位/通道的图像。其工具选项栏如图 2-98 所示。

图 2-98　“修补工具”选项栏

修补前后的图像对比如图 2-99 所示。

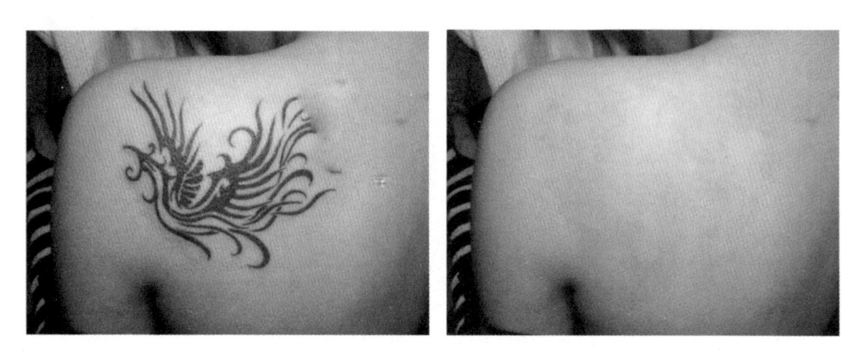

图 2-99　使用“修补工具”去除文身

4. 红眼工具

在拍照过程中，闪光灯的反光有时候会造成人眼变红，这个工具主要就是针对红眼的修复，实际上它是将照片中的红色部分自动识别，然后将红色变淡。选择“红眼工具”，在照片的红眼部分拉出一个矩形选框，红眼就被自动去除了。可以设置的参数有“瞳孔大小”和“变暗量”，如图 2-100 所示。

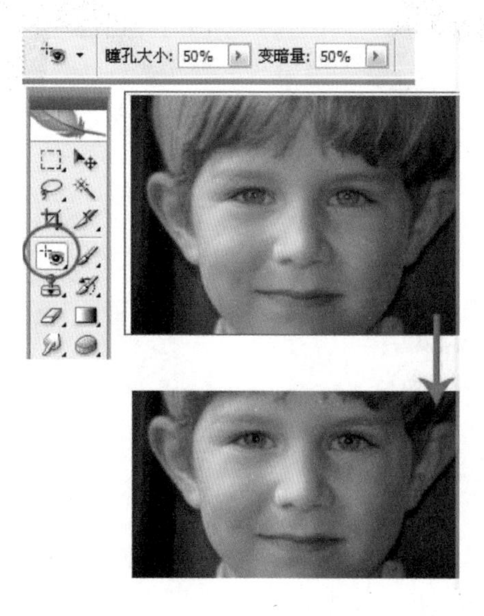

图 2-100　使用“红眼工具”去除红眼

一、填空题

1. 套索工具组包括________、________和________。

2. 绘制圆形选区时，选择“椭圆选框工具”，在按住________键的同时，拖动鼠标，就可以实现圆形选区的创建。

3. 选框工具组包括________选框工具、________选框工具、________选框工具和________选框工具。

4. 若要对图像进行自由变换，可以先选择________菜单，再找到“自由变换”命令。

5. “渐变工具”共有________、________、________、________及________ 5 种渐变类型。

6. “仿制图章工具”在使用前先取样，按住________键不放，在取样处单击，即可取样。

7. 对于夜晚用闪光灯拍摄人物时，人物眼睛产生的红眼现象可以用“________工具”修复。

二、简答题

1. 简述“仿制图章工具”和“修复画笔工具”的相同点与不同点。

2. 简述“磁性套索工具”和“魔棒工具”的不同之处。

三、上机实训

1. 利用 Photoshop CS6 中的“操控变形”功能，完成如图 2-101 所示的效果图。

提示： 利用“操控变形”功能对人物进行变形操作，再复制图层完成效果图的制作。

图 2-101　原图及效果图

2. 利用修复工具组对老照片进行修复，如图 2-102 所示。

图 2-102　原图及效果图

图像合成

任务 “学生守则”宣传单制作

任务要求

利用所提供的图3-1所示的素材原图,完成如图3-2所示的“学生守则”宣传单效果。

图3-1 素材原图

图3-2 “学生守则”宣传单效果

任务分析

- 通过添加填充图层,为图像填充前景颜色。
- 用“直线工具”绘制线条并复制线条层,增强图像的层次感。
- 利用文字工具添加文字图层。

制作流程

(1) 选择菜单"文件"→"新建"命令，打开如图 3-3 所示的"新建"对话框，设置后单击"确定"按钮。

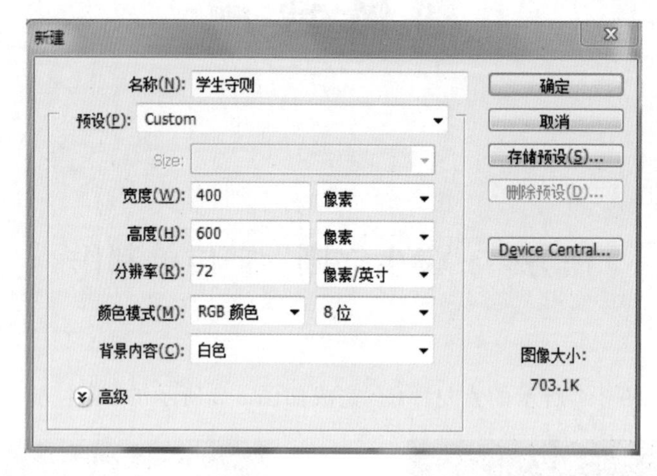

图 3-3 "新建"对话框

(2) 设置前景色为＃003399，按 Alt＋Delete 组合键填充前景色。按 Ctrl＋R 组合键调出标尺，沿着垂直方向分别在 120 像素、510 像素、550 像素处添加参考线，如图 3-4 所示。设置前景色为＃999933，选择"矩形选框工具"，借助参考线选定矩形区域，新建图层，按 Alt＋Delete 组合键填充前景色，按 Ctrl＋D 组合键取消选区，如图 3-5 所示。

图 3-4 添加参考线

图 3-5 填充矩形框

（3）打开学生素材，选择工具箱中的“移动工具”，将学生素材拖放到当前“学生守则”窗口，按Ctrl+T组合键，调整图像至合适大小和位置。选择“矩形选框工具”，框选如图3-6所示区域，按Ctrl+J组合键复制框选区域到新的图层，删除“学生”素材图层，如图3-7所示。

图3-6　添加填充图层后的“图层”面板

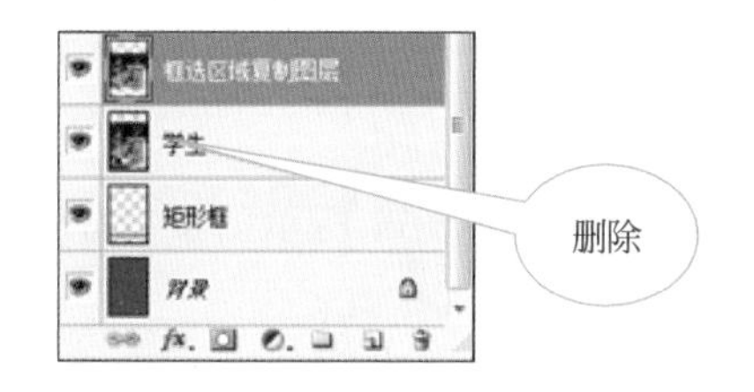

图3-7　学生图像截取

（4）选择主菜单中的“视图”菜单，单击“清除参考线”选项。设置前景色为白色，新建图层，选择工具箱中的“直线工具”，设置属性如图3-8所示，按住Shift键画两条白色的直线，如图3-9所示。

图3-8　“直线工具”属性参数

（5）选择文字工具，设置“字体”为“黑体”，“字号”为36，输入文字“学生守则”。选择文字工具，设置“字体”为Arial，“字号”为18，输入文字STUDENT RULES AND REGULATIONS。选择文字工具，设置“字体”为“黑体”，“字号”为18，输入文字“济南信息工程学校编　2017版”。选择文字工具，设置“字体”为“黑体”，“字号”为14，输入文字“地址：济南市历城区王舍人镇朝山街316号”。最终完成如图3-10所示效果图的制作。

图3-9　添加两条白色的直线

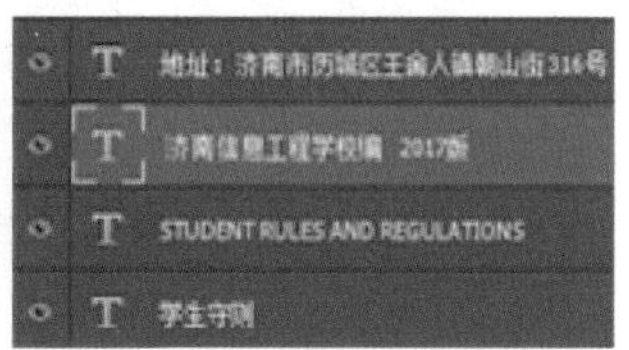

图3-10　添加文字

演示步骤视频

任务　学校宣传二折卡制作

任务要求

利用所提供的图 3-11 所示的素材原图，完成如图 3-12 所示的学校宣传二折卡效果。

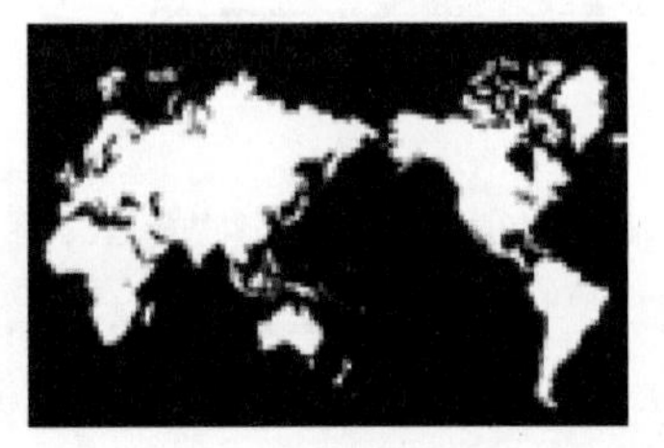

图 3-11　素材原图

图 3-12　学校宣传二折卡效果

任务分析

- 利用“渐变工具”，填充不同颜色，划分不同区域。
- 调整图层的混合模式，使地图自然融合到背景中。
- 利用文字工具添加文字图层，并调整文字工具属性参数，使文字有不同的层次感。

制作流程

（1）选择菜单“文件”→“新建”命令，打开如图 3-13 所示的“新建”对话框，设置后单击“确定”按钮。

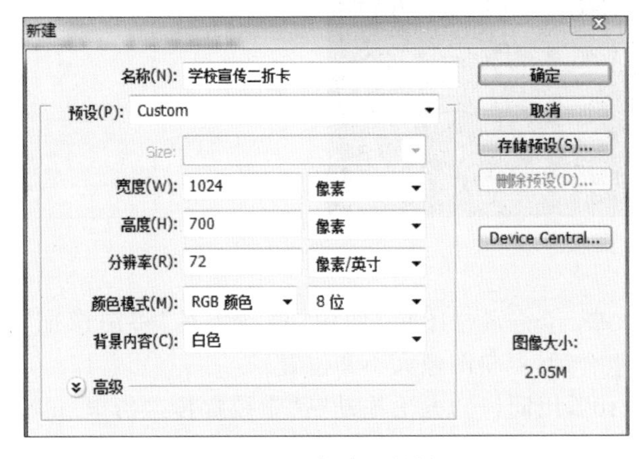

图 3-13　“新建”对话框

（2）按 Ctrl+R 组合键调出标尺。沿着垂直方向在 280 像素、560 像素处添加参考线，沿着水平方向在中间位置 512 像素处添加参考线，如图 3-14 所示。

图 3-14　添加参考线

（3）使用“矩形选框工具”选中左侧折页，设置前景色为#003466，按 Alt+Delete 组合键填充前景色，按 Ctrl+D 组合键取消选区。同样使用“矩形选框工具”选中图 3-15 所示右侧折页，设置前景色为#9acccd，背景色为白色，选中“渐变工具”，自右至左拖动鼠标填充线性渐变，按 Ctrl+D 组合键取消选区。

图 3-15　填充颜色

(4) 打开"实训大楼.jpg"素材图像，使用"移动工具"将图像拖动到"学校宣传二折卡.psd"，按 Ctrl+T 组合键，调整图像大小和位置。

(5) 打开"地图.psd"，用同样的方法拖动到"学校宣传二折卡.psd"，调整位置与大小，选择"地图"图层的"混合模式"为"叠加"，"不透明度"为 40%，如图 3-16 所示。

图 3-16　添加实训大楼与地图

(6) 设置前景色为 #99cccc，选中文字工具，设置"字体"为黑体，"字号"为 60，输入"济"。选中文字工具，设置"字体"为"黑体"，"字号"为 30，输入"南信息工程学校"。选中文字工具，设置“字体”为黑体，“字号”为 18，输入“电话：0531-86924 *** 86072 *** ”。效果如图 3-17 所示，图层如图 3-18 所示。

图 3-17 字体效果

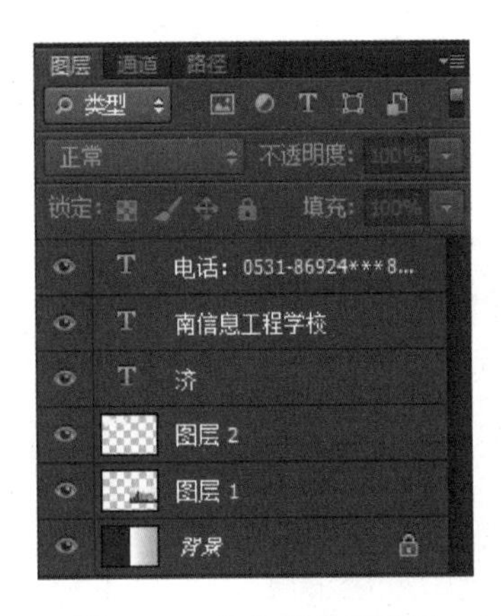

图 3-18 相应的文字图层

(7) 选中文字工具，设置前景色为 #a40f1d，设置“字体”为“黑体”，“字号”为 50，输入“济南信息工程学校”。选中文字工具，设置前景色为 #003366，设置“字体”为“黑体”，“字号”为 28，输入“技能改变命运　梦想从这里起飞”。选中文字工具，设置“字体”为 Arial，“字号”为 18，输入 Jinan Information engineering school，调整“字符”面板中的“水平缩放”参数为 120%。效果如图 3-19 所示。

(8) 设置前景色为 #003366，选中“直线工具”，“直线工具”的参数如图 3-20 所示，新建图层，在合适的位置添加如图 3-21 所示的直线。选择菜单“图层”→“拼合图像”命令，完成效果图制作。

图 3-19 添加二折卡标题文字

图 3-20 "直线工具"属性参数

图 3-21 完成效果

演示步骤视频

3.1 图层基础知识

1. 图层概念

使用图层可以在不影响整个图像中大部分元素的情况下处理其中一个元素。可以把图层想象成是一张一张叠起来的透明胶片，每张透明胶片上都有不同的画面，改变图层的顺序和属性可以改变图像的最后效果。通过对图层的操作，使用它的特殊功能可以创建很多复杂的图像效果。

2. “图层”面板

“图层”面板上显示了图像中的所有图层、图层组和图层效果，可以使用“图层”面板上的各种功能来完成一些图像编辑任务，例如，创建、隐藏、复制和删除图层等。还可以使用图层模式改变图层上图像的效果，如添加阴影、外发光、浮雕等。另外，对图层的光线、色相、透明度等参数都可以做修改来制作不同的效果。“图层”面板如图 3-22 所示。单击面板最右上角的下三角按钮，在下拉菜单中就可以看到它的功能，包括新建、复制、删除图层，建立图层组，图层属性，混合选项，图层合并等功能。

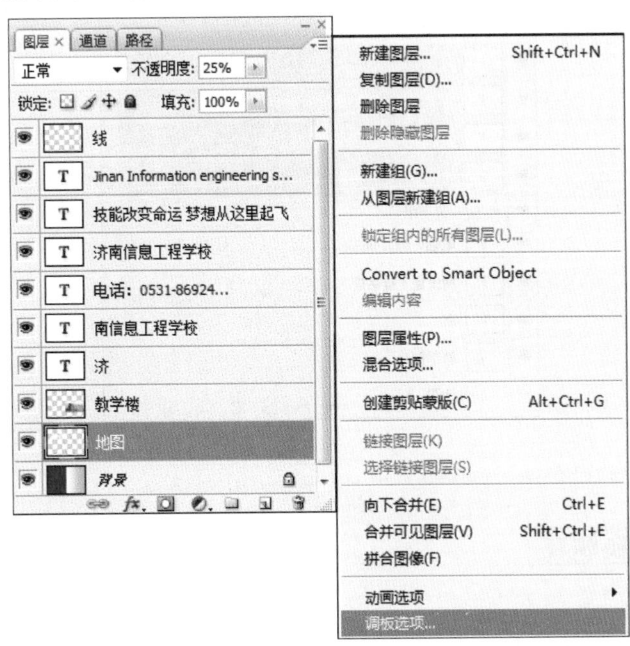

图 3-22　“图层”面板

3. 图层类型

1）背景图层

每次新建一个 Photoshop 文件时图层会自动建立一个背景图层(使用白色背景或彩色背景创建新图像时)，这个图层是被锁定的位于图层的最底层，我们无法改变背景图层的排列顺序，同时也不能修改它的不透明度或混合模式。如果按照透明背景方式建立新文件，图像就没有背景图层，最下面的图层不会受到功能上的限制。如果不愿意使用 Photoshop 强加的受限制背景图层，也可以将它转换成普通图层让它不再受到限制。具体方法是在“图层”面板中双击“背景”图层，打开“新建图层”对话框，然后根据需要设置图层选项，单击“确定”按钮后再看看“图层”面板上的背景图层已经转换成普通图层了。

2）创建普通图层

普通图层是 Photoshop 中最基本的图层类型，对图像的操作基本都可以在普通图层上进行。普通图层包含图像信息，图像信息以外的部分为透明区域，显示为灰色方格，可以显示下一层的内容。

3）图层组

设计制作过程中有时候用到的图层数会很多，会导致即使关闭缩览图，“图层”面板也会拉得很长，查找图层很不方便，为了解决这个问题，Photoshop 提供了“图层组”功能。

“图层组”可以帮助组织和管理图层，使用“图层组”可以很容易地将图层作为一组移动、对图层组应用属性和蒙版以及减少“图层”面板中的混乱，创建方法为同时选定需要在同一组的图层，单击“图层”面板下方的“创建新组”按钮，如图 3-23 所示。

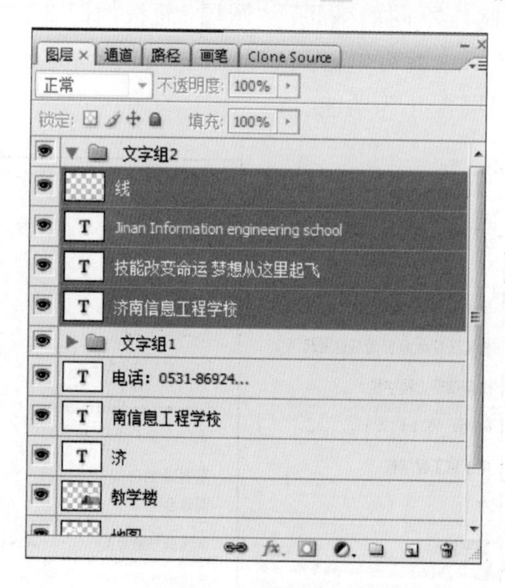

图 3-23 图层组

3.2 图层的基础操作

1. 图层层次

图像中的各个图层间彼此是有层次关系的，位于“图层”面板下方的图层层次是较低的，越往上层次越高，就好像从桌子上渐渐往上堆叠起来的一样。位于较高层次的图像内容会遮挡较低层次的图像内容。

改变图层层次的方法是在“图层”面板中用鼠标按住图层拖动到上方或下方。拖动过程可以一次跨越多个图层。也可以先选中图层，再使用菜单“图层”→“排列”中的各个命令以及相应的快捷键来改变图层层次，如图 3-24 所示。

图 3-24　图层层次

2. 图层链接

如果想在 Photoshop 中将多个图层一起移动又不改变相对位置，就要用到“图层链接”功能。“图层链接”的方法是选中需要链接的多个图层，单击左下角的“链接图层”按钮 ，如图 3-25 所示。

3. 图层对齐

如何将两个图层排列在一条水平线上呢？这就需要用到“图层对齐”功能。“图层对齐”的方法是选中需要对齐的多个图层，右击被选中的图层，从快捷菜单中选择“水平”“垂直”对齐。或者先把需要对齐的图层链接，选择“移动工具”，调出“对齐”属性设置，如图 3-26 所示。

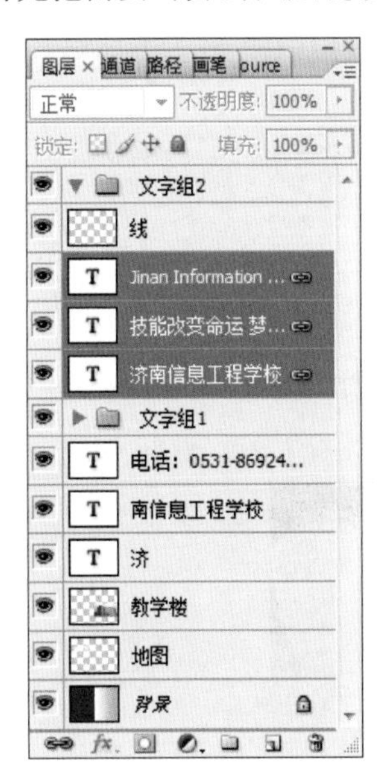

图 3-25　图层链接

图 3-26　图层对齐

4. 图层合并

虽然将图像分层制作较为方便，但某些时候可能需要合并一些图层，就是把几个图层变为一个。图层合并的方法有以下多种。

向下合并是指把目前所选择的图层，与在它之下的一层进行合并。进行合并的图层都必须处在显示状态。向下合并以后的图层名称和颜色标记沿用原先位于下方的图层。合并可见图层是把目前所有处在显示状态的图层合并，在隐藏状态的图层则不作变动。拼合图层是将所有的图层合并为背景图层，如果有图层隐藏则拼合的时候会出现警告框，如图 3-27 所示。如果单击“确定”按钮，则原先处在隐藏状态的图层都将被丢弃。

5. 图层锁定

为了防止误操作，Photoshop 提供了 4 种图层锁定方式，如图 3-28 所示。自左至右依次为“锁定透明像素”“锁定图像像素”“锁定位置”“锁定全部”。锁定透明像素是指保持图层中像素的面积不变，打开后绘图工具无法在该层的透明区域内绘画，即使经过透明区域也不会留下笔迹；锁定图像像素是指无法修改层中的像素，即禁止了对图层图像的绘制或者修改。

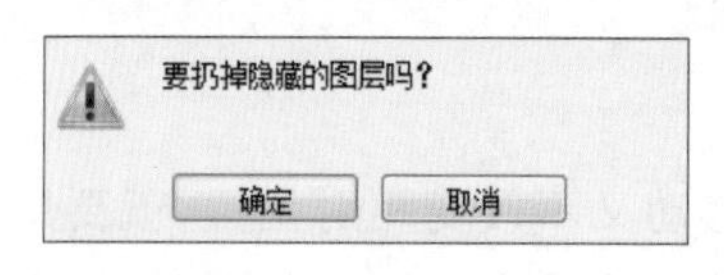

图 3-27　图层合并

图 3-28　图层锁定

6. 图层透明度

图层除了可以改变位置和层次以外，还可以设定各自的不透明度，这也是很多视觉特效的实现方法之一。当“不透明度”为 100％的时候，代表本层图像完全不透明，图像看上去非常饱和、实在。当不透明度下降的时候，图像也随之变淡。如果把“不透明度”设为 0％，就相当于隐藏了这个图层。图层的不透明度虽然只对本图层有效，但会影响到本图层与其他图层的显示效果。

任务　房产广告制作

任务要求

利用所提供的如图 3-29 所示的白云、楼房、大树、草坪、路标、小路、远景树、太阳花等 PNG 文件素材，完成如图 3-30 所示的房产广告的效果制作。

图 3-29　房产广告素材

图 3-30　房产广告效果

任务分析

■ 通过分析效果文件，确定素材图层的层次关系。

■ 使用“变形工具”，完成素材的大小与位置调整。

■ 利用文字工具添加文字图层。

制作流程

（1）新建宽度为 1024px，高度为 768px，背景为白色的文件。

（2）设置前景色为＃002d68，背景色为白色，单击“渐变工具”，自上而下添加由蓝到白的线性渐变，如图 3-31 所示。

（3）打开素材“云.png”文件，利用“移动工具”将素材移至“房产广告制作”窗口中，调整至合适的位置，复制“图层 2”，并调整云至合适的位置。利用同样的方法，打开“大楼.png”，移至合适的位置。打开“远景树.png”，移至合适的位置，按住 Alt 键的同时移动远景树图像。打开“草坪.png”，移至合适的位置，按住 Alt 键的同时移动草坪图像，多个草坪叠加。打开“小路.png”，按 Ctrl＋T 组合键调至合适的大小及位置。打开“大树.png”，移至合适的位置。打开“太阳花.png”，移至合适的位置。打开“路标.png”，移至合适的位置。图层的层次关系如图 3-32 所示。

（4）选中文字工具，设置“字体”为“黑体”，“字号”为 50，输入“超越梦想”。选中文字工具，设置“字体”为 Arial，“字号”为 25，输入 Byound your dream，选定文字，单击“字符”面板，设置“水平缩放”参数为 140％。选中文字工具，设置前景色为＃f61807，设置“字体”为“华文中宋”，“字号”为 25，输入“太阳地产”，如图 3-30 所示，完成效果图的制作。

图 3-31　添加渐变效果

图 3-32　素材图层的层次关系

演示步骤视频

任务　化妆品广告制作

任务要求

利用所提供的如图 3-33 所示的化妆品、美女、花朵、水柱等文件素材，完成如图 3-34 所示的化妆品广告的效果制作。

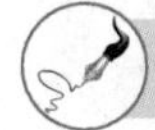

任务分析

- 利用“渐变工具”，填充背景色。
- 利用图层蒙版和图层混合模式，将花朵、化妆品融合到背景图像中。
- 利用文字工具添加文字图层，并对文字添加图层样式，使文字有不同的层次感。

制作流程

(1) 选择菜单“文件”→“新建”命令，打开如图 3-35 所示的“新建”对话框，设置后单击“确定”按钮。

图 3-33　化妆品广告素材

图 3-34　化妆品广告效果

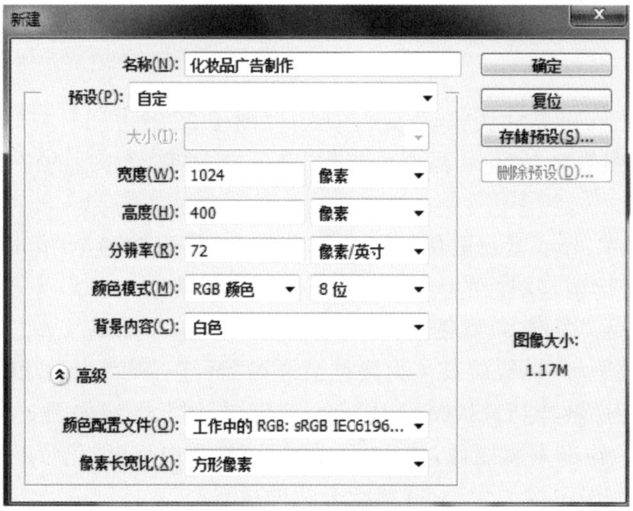

新建

名称(N): 化妆品广告制作
预设(P): 自定
大小(I):
宽度(W): 1024 像素
高度(H): 400 像素
分辨率(R): 72 像素/英寸
颜色模式(M): RGB 颜色 8 位
背景内容(C): 白色
高级
颜色配置文件(O): 工作中的 RGB: sRGB IEC6196...
像素长宽比(X): 方形像素

确定
复位
存储预设(S)...
删除预设(D)...

图像大小:
1.17M

图 3-35　“新建”对话框

(2) 设置前景色为＃fad5e4，背景色为＃f0a5c4，选择“渐变工具”，线性渐变，从上到下线性填充，如图3-36所示。

图3-36 “线性渐变”效果

(3) 打开“花朵.jpg”素材图像，使用“移动工具”将图像移至“化妆品广告制作”窗口中，调整图像至合适的位置。

(4) 选中“花朵”图层，单击“添加图层蒙版”按钮，为图层添加一白色图层蒙版，设置前景色为黑色。选择“画笔工具”，参数设置如图3-37所示，使用“画笔工具”在白色区域涂抹，使“花朵”图像融合到背景图层中，设置“花朵”图层的混合模式为“叠加”。花朵效果图及图层如图3-38所示。

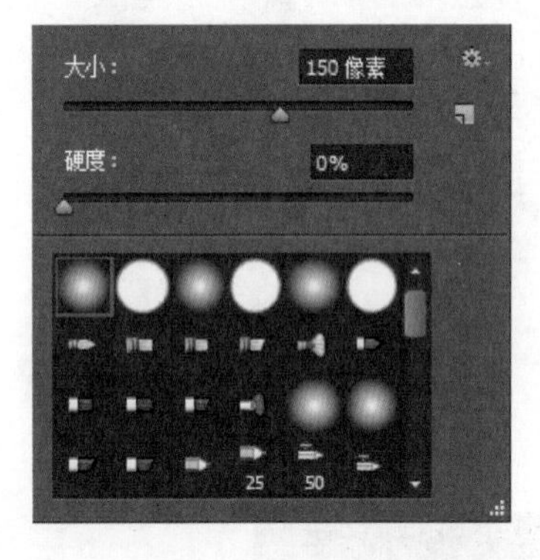

图3-37 设置画笔参数

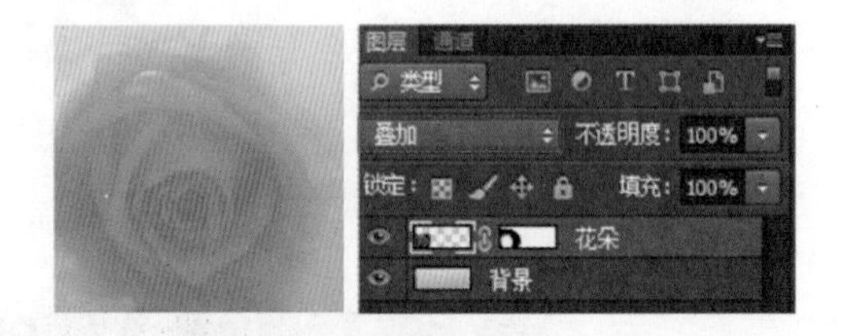

图3-38 花朵效果图及图层

(5) 打开“水柱.psd”素材图像，选定“图层1”“图层2”“图层3”，右击，转换为智能对象，使用“移动工具”将图像移至“化妆品广告制作”窗口中，并移至合适的位置，修改“不透明度”为40％。

(6) 打开“化妆品.jpg”素材图像，使用“移动工具”将图像移至“化妆品广告制作”窗口中，按Ctrl＋T组合键调整图像的大小，并移至合适的位置。

(7) 选中“化妆品”图层，设置图层的“混合模式”为“正片叠底”，单击“添加图层蒙版”按钮，添加一白色图层蒙版，设置前景色为黑色。选择“画笔工具”，使用相同的方法设置画笔参数，使“化妆品”图像融合到背景图层中。化妆品效果图及图层如图3-39所示。

(8) 打开“美女.psd”素材图像，使用“移动工具”将图像移至“化妆品广告制作”窗口中，按Ctrl＋T组合键调整图像的大小，并移至合适的位置。

(9) 选中文字工具，设置前景色为＃c72534，设置“字体”为“方正兰亭中黑”，“字号”为

32，输入 BEAUTY，选定文字，调整“字符”面板中的“水平缩放”参数为 100%。给文字添加图层样式“描边”和“外发光”效果，参数设置如图 3-40 和图 3-41 所示。

图 3-39　化妆品效果图及图层

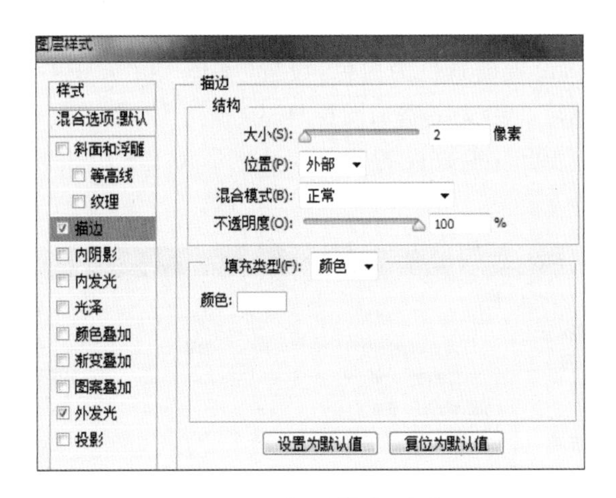

图 3-40　设置“描边”参数

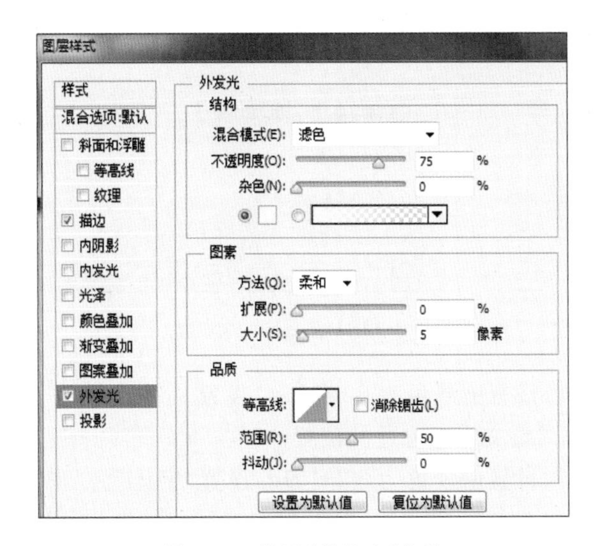

图 3-41　设置“外发光”参数

(10) 选中文字工具,设置"字体"为"方正兰亭中黑","字号"为 38,输入"美思润",选定文字,调整"字符"面板中的"水平缩放"参数为 0。选定 BEAUTY 图层右击,复制图层样式;选定"美思润"图层右击,粘贴图层样式。文字效果图及文字图层如图 3-42 所示。

图 3-42　文字效果图及文字图层

(11) 选中文字工具,设置前景色为白色,设置"字体"为"方正兰亭中黑","字号"为 50,输入"滋养肌肤,润出光彩"。给文字添加图层样式"描边"效果,"大小"为 1 像素,"位置"为"外部",设置颜色为 # e64052,参数设置如图 3-43 所示。使用相同的方法添加"外发光"效果。

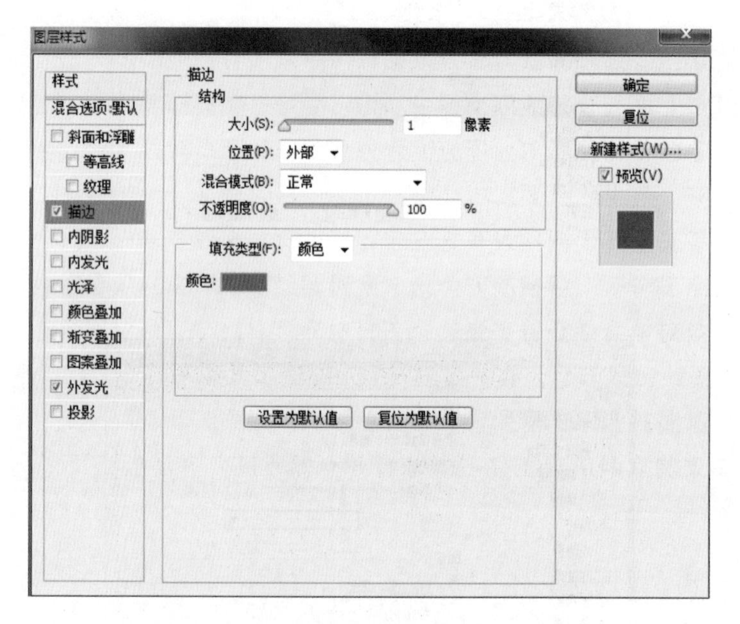

图 3-43　"描边"参数设置

(12) 选中文字工具,设置前景色为 # bb1b8d,设置"字体"为"华文行楷","字号"为 32,输入"美丽,源自天然",调整文字至合适的位置。

(13) 选中文字工具,设置前景色为 # 23101d,设置"字体"为"华文行楷","字号"为 26,输入"缔造由内而外晶透、润泽的肌肤"。选中文字工具,设置"字体"为"华文行楷","字号"为 18,输入"自然透露明亮神采,再现光洁肌肤"。调整文字至合适的位置,完成效果图的制作,图层效果如图 3-44 所示。

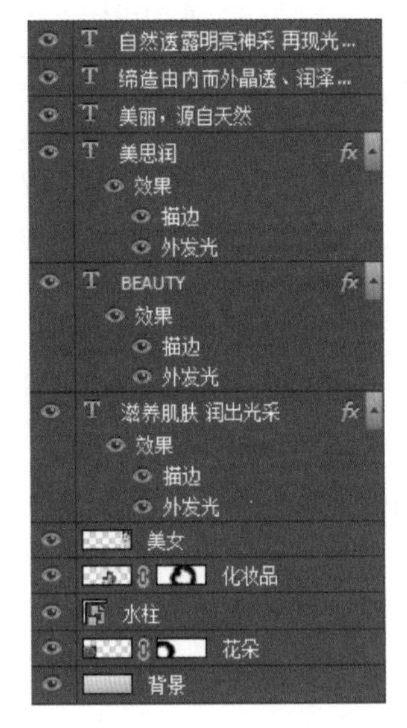

图 3-44 图层效果

演示步骤视频

3.3 图层的混合模式

Photoshop 中的图层混合模式如图 3-45 所示。各图层混合模式含义如下。

- 正常：编辑或绘制每个像素使其成为结果色(默认模式)。
- 溶解：编辑或绘制每个像素使其成为结果色。但根据像素位置的不透明度，结果色由基色或混合色的像素随机替换。
- 变暗：查看每条通道中的颜色信息，选择基色或混合色中较暗的作为结果色，其中比混合色亮的像素被替换。
- 正片叠底：查看每条通道中的颜色信息并将基色与混合色复合，结果色是较暗的颜色。任何颜色与黑色混合产生黑色，与白色混合保持不变。用黑色或白色以外的颜色绘画时，绘画工具绘制的连续描边产生逐渐变暗的颜色。
- 颜色加深：查看每条通道中的颜色信息，通过增加对比度使基色变暗以反映混合色，与黑色混合后不产生变化。
- 线性加深：查看每条通道中的颜色信息，通过减小亮度使基色变暗以反映混合色。
- 变亮：查看每条通道中的颜色信息，选择基色或混合色中较亮的颜色作为结果色。比混合色暗的像素被替换，比混合色亮的像素保持不变。
- 滤色：查看每条通道的颜色信息，将混合色的互补色与基色混合。结果色总是较亮的颜色，用黑色过滤时颜色保持不变，用白色过滤时将产生白色。此效果类似于多张摄影幻灯片在彼此之上投影。

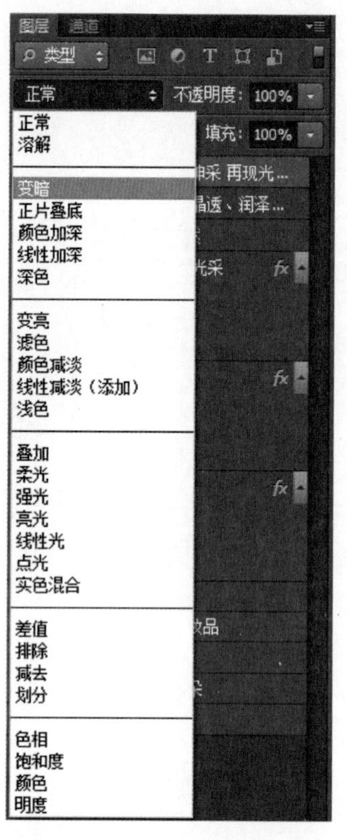

图 3-45　图层混合模式

- 颜色减淡：查看每条通道中的颜色信息，并通过减小对比度使基色变亮以反映混合色，与黑色混合则不发生变化。
- 线性减淡(添加)：查看每条通道中的颜色信息，并通过增加亮度使基色变亮以反映混合色，与黑色混合则不发生变化。
- 叠加：复合或过滤颜色具体取决于基色。图案或颜色在现有像素上叠加同时保留基色的明暗对比不替换基色，但基色与混合色相混以反映原色的亮度或暗度。
- 柔光：使颜色变亮或变暗具体取决于混合色，此效果与发散的聚光灯照在图像上相似。如果混合色(光源)比50%灰色亮，则图像变亮就像被减淡了一样；如果混合色(光源)比50%灰色暗，则图像变暗就像被加深了一样。用纯黑色或纯白色绘画会产生明显较暗或较亮的区域，但不会产生纯黑色或纯白色。
- 强光：复合或过滤颜色，具体取决于混合色，效果与耀眼的聚光灯照在图像上相似。如果混合色(光源)比50%灰色亮，则图像变亮就像过滤后的效果；如果混合色(光源)比50%灰色暗，则图像变暗就像被复合后的效果。用纯黑色或纯白色绘画会产生纯黑色或纯白色。
- 亮光：通过增加或减小对比度来加深或减淡颜色，具体取决于混合色。如果混合色(光源)比50%灰色亮，则通过减少对比度使图像变亮；如果混合色(光源)比50%灰色暗，则通过增加对比度使图像变暗。
- 线性光：通过减小或增加亮度来加深或减淡颜色，具体取决于混合色。如果混合色(光源)比50%灰色亮，则通过增加亮度使图像变亮；如果混合色(光源)比50%灰色暗，则通过减少亮度使图像变暗。
- 点光：替换颜色具体取决于混合色。如果混合色(光源)比50%灰色亮，则替换比混合色暗的像素，而不改变比混合色亮的像素；如果混合色(光源)比50%灰色暗，则替换比混合色亮的像素，而不改变比混合色暗的像素。这对于向图像添加特殊效果非常有用。
- 差值：查看每条通道中的颜色信息并从基色中减去混合色，或从混合色中减去基色，具体取决于哪一种颜色的亮度值更大。与白色混合将反转基色值，与黑色混合则不产生变化。
- 排除：创建一种与“差值”模式相似但对比度更低的效果。与白色混合将反转基色值，与黑色混合则不发生变化。
- 色相：用基色的亮度和饱和度以及混合色的色相创建结果色。
- 饱和度：用基色的亮度和色相以及混合色的饱和度创建结果色。在无(0)饱和度(灰色)的区域上用此模式绘画不会产生变化。

■ 颜色：用基色的亮度以及混合色的色相和饱和度创建结果色，这样可以保留图像中的灰阶，并且对于给单色图像上色和给彩色图像着色都会非常有用。

■ 明度：用基色的色相和饱和度以及混合色的亮度创建结果色。此模式创建与“颜色”模式相反的效果。

3.4 图层样式

利用 Photoshop“图层样式”功能，可以简单、快捷地制作出各种立体投影、各种质感以及光影效果的图像特效，如图 3-46 所示。常用的“图层样式”功能如下。

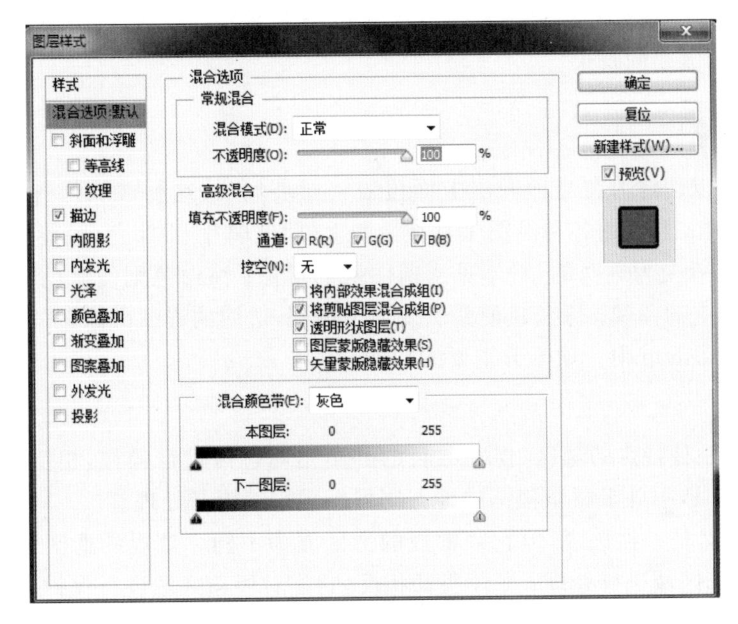

图 3-46　图层样式

■ 斜面和浮雕：“样式”下拉菜单将为图层添加高亮显示和阴影的各种组合效果。“斜面和浮雕”对话框“样式”参数解释如下。

- 外斜面：沿对象、文本或形状的外边缘创建三维斜面。
- 内斜面：沿对象、文本或形状的内边缘创建三维斜面。
- 浮雕效果：创建外斜面和内斜面的组合效果。
- 枕状浮雕：创建内斜面的反相效果，其中对象、文本或形状看起来下沉。
- 描边浮雕：只适用于描边对象，即只有在应用“描边浮雕”效果时才打开描边效果。

■ 描边：使用颜色、渐变颜色或图案描绘当前图层上的对象、文本或形状的轮廓，对于边缘清晰的形状(如文本)，这种效果尤其有用。

■ 内阴影：在对象、文本或形状的内边缘添加阴影，让图层产生一种凹陷外观，“内阴影”效果对文本对象效果更佳。

■ 内发光：从图层对象、文本或形状的边缘向内添加发光效果。

■ 光泽：对图层对象内部应用阴影，与对象的形状相互作用，通常创建规则波浪形状，产生光滑的磨光及金属效果。

- 颜色叠加：在图层对象上叠加一种颜色，即用一层纯色填充到应用样式的对象上。从“设置叠加颜色”选项可以通过“选取叠加颜色”对话框选择任意颜色。
- 渐变叠加：在图层对象上叠加一种渐变颜色，即用一层渐变颜色填充到应用样式的对象上。通过“渐变编辑器”对话框还可以选择使用其他的渐变颜色。
- 图案叠加：在图层对象上叠加图案，即用一致的重复图案填充对象。从“图案拾色器”对话框还可以选择其他的图案。
- 外发光：从图层对象、文本或形状的边缘向外添加发光效果。设置参数可以让对象、文本或形状更精美。
- 投影：为图层上的对象、文本或形状后面添加阴影效果。“投影”参数由“混合模式”“不透明度”“角度”“距离”“扩展”和“大小”等各种选项组成，通过对这些选项的设置可以得到需要的效果。

3.5 图层蒙版

图层蒙版可以理解为在当前图层上面覆盖一层玻璃片，这种玻璃片有透明的、半透明的、完全不透明的。然后用各种绘图工具在蒙版上(即玻璃片上)涂色(只能涂黑、白、灰色)，涂黑色的地方蒙版变为透明的，看不见当前图层的图像；涂白色则使涂色部分变为不透明可看到当前图层上的图像；涂灰色使蒙版变为半透明，透明的程度由涂色的灰度深浅决定，图层蒙版是 Photoshop 中一项十分重要的功能。

1. 蒙版特点

(1) 蒙版是一种特殊的选区，但它的目的并不是对选区进行操作，相反，而是要保护选区不被操作。同时，不处于蒙版范围的地方则可以进行编辑与处理。

(2) 蒙版虽然是一种选区，但它跟常规的选区颇为不同。常规的选区表现了一种操作趋向，即将对所选区域进行处理；而蒙版却相反，它是对所选区域进行保护，让其免予操作，而对非掩盖的地方应用操作。

2. 蒙版分类

Photoshop 中蒙版分为两类：一类是图层蒙版；另一类是矢量蒙版。

1) 图层蒙版

图层蒙版的创建方法是直接在“图层”面板下方单击“添加图层蒙版”按钮，即可新建图层蒙版，如图 3-47 所示。单击“图层蒙版缩览图”图标将它激活，然后选择任一编辑或绘画工具可以在蒙版上进行编辑。将蒙版涂成白色，可以从蒙版中减去并显示图层；将蒙版涂成灰色，可以看到部分图层；将蒙版涂成黑色，可以向蒙版中添加并隐藏图层。

2) 矢量蒙版

矢量蒙版与分辨率无关，由“钢笔工具”或“形状工具”创建在“图层”面板中，如图 3-48 所示。矢量蒙版可在图层上创建锐边形状，若需要添加边缘清晰的图像可以使用矢量蒙版。创建了矢量蒙版图层之后，还可以应用一个或多个图层样式。先选中一个需要添加矢量蒙版的图层，使用“形状工具”或“钢笔工具”绘制工作路径，然后选择菜单“图层”→“矢量蒙版”→“当前路径”命令即可创建矢量蒙版。也可以选择“图层”菜单下的命令编辑、删除矢量蒙版。若想将矢量蒙版转换为图层蒙版，可以选择要转换的矢量蒙版所在的图层，然后选择菜单“图层”→“栅格化”→“矢量蒙版”命令即可进行转换。

图 3-47　图层蒙版

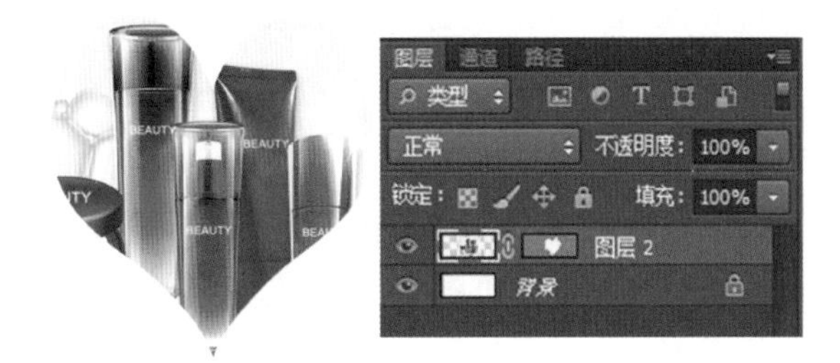

图 3-48　矢量蒙版

任务　头发丝抠图

任务要求

利用所提供的如图 3-49 所示的素材，完成如图 3-50 所示的头发丝抠图效果图的制作。

图 3-49　头发丝抠图素材

图 3-50　头发丝抠图效果(1)

任务分析

- 借助“蓝 副本”通道,选取人物图像。
- 利用“色阶”对话框,调整图像的黑白对比度。
- 利用“通道”面板将通道作为选区载入,抠取图像。

制作流程

(1) 选择菜单“文件”→“打开”命令,打开素材 1 图片,复制“背景”图层。

(2) 选择“图层 1”,切换到“通道”面板,分别单击“红”“绿”“蓝”三条通道,查看左侧图片的变化,选择“黑白”对比层次较好的通道,这里选择“蓝”通道,如图 3-51 所示。

(3) 选择“蓝”通道并右击,复制通道,得到“蓝 副本”通道,选择并只显示“蓝 副本”通道,如图 3-52 所示。

图 3-51 选择“蓝”通道

图 3-52 复制通道

(4) 选择“蓝 副本”通道,按 Ctrl+I 组合键使图像反相显示,按 Ctrl+L 组合键打开“色阶”对话框,设置参数,调整图片的黑白对比度,让头发丝能够清晰可见,最后单击“确定”按钮,如图 3-53 所示。

(5) 设置前景色为白色,选择“画笔工具”,设置“画笔大小”为 100 像素,“硬度”为 0,对图像中不够白的区域进行涂抹,将这些区域抹白,如图 3-54 所示。

(6) 按住 Ctrl 键,单击“蓝 副本”通道缩览图,将黑色区域变为选区,选择菜单“选择”→“反相”命令,选中白色区域。显示 RGB 通道,隐藏“蓝 副本”通道,打开“图层”面板,按 Ctrl+J 组合键复制选区中的图像到自动新建的图层中。

(7) 打开素材 2 背景图片,将抠取的图像拖动到背景图片中,移动美女头像至合适的位置,完成效果图制作,如图 3-55 所示。

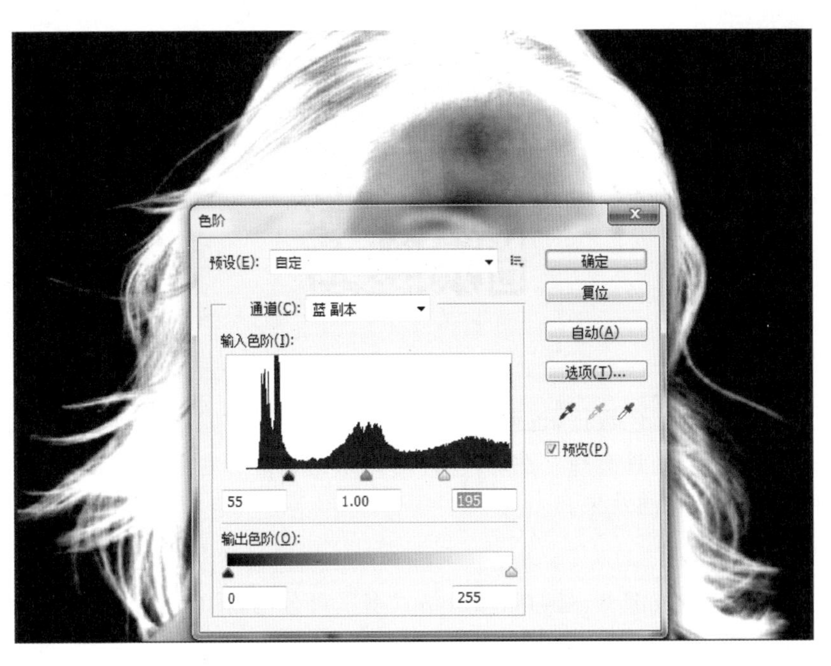

图 3-53　调整色阶

图 3-54　画笔涂抹

图 3-55　头发丝抠图效果(2)

演示步骤视频

3.6 通道

通道主要用于存储颜色数据，也可以用来存储选区和制作选区。所有的通道都是 8 位灰度图像。对通道的操作具有独立性，可以针对每条通道进行色彩调整、图像处理、使用各种滤镜，从而制作出特殊的效果。

1. 通道的分类

通道作为图像的组成部分，是与图像的格式密不可分的，图像颜色、格式的不同决定了通道的数量和模式。在 Photoshop 中，通道有三种模式：RGB 模式、CMYK 模式和 Lab 模式，不同模式的图像，其通道的数量是不一样的。对于一个 RGB 模式的图像，有 RGB、R、G、B 4 条通道；对于一个 CMYK 模式的图像，有 CMYK、C、M、Y、K 5 条通道；对于一个 Lab 模式的图像，有 Lab、L、a、b 4 条通道，灰度图像只有一条颜色通道，在“通道”面板中可以直观地看到，如图 3-56 所示。

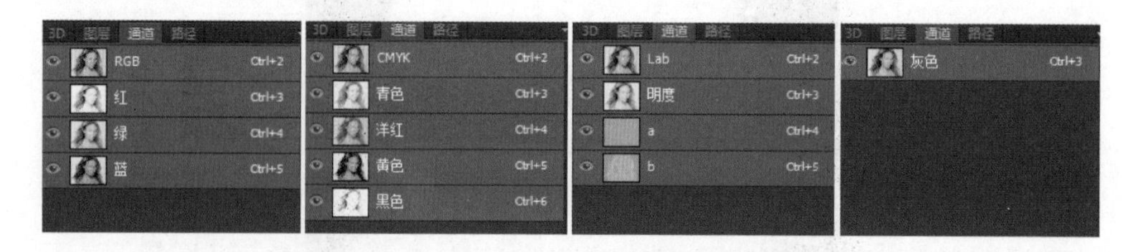

图 3-56 “通道”模式

通道主要有以下 5 种类型。

1）复合通道

复合通道不包含任何信息，实际上它只是同时预览并编辑所有颜色通道的一个快捷方式。它通常在单独编辑完一条或多条颜色通道后使“通道”面板返回到它的默认状态。对于不同模式的图像，其通道的数量是不一样的。对于 RGB 模式而言，其复合通道是 RGB 通道；对于 CMYK 模式而言，其复合通道是 CMYK 通道；对于 Lab 模式而言，其复合通道是 Lab 通道。

2）颜色通道

在 Photoshop 中编辑图像时，实际上就是在编辑颜色通道。这些通道把图像分解成一个或多个色彩成分，图像的模式决定了颜色通道的数量，RGB 模式的图像有 R、G、B 三条颜色通道；CMYK 模式的图像有 C、M、Y、K 4 个颜色通道；Lab 模式的图像有 L、a、b 三条颜色通道；灰度图像只有一条颜色通道，它们包含了所有将被打印或显示的颜色。

3）专色通道

专色通道主要用于印刷，它是一种特殊的颜色通道，可以使用除了青色、洋红、黄色、黑色以外的颜色来绘制图像。

4）Alpha 通道

Alpha 通道的主要功能是建立、保存和编辑选区。与颜色通道不同，Alpha 通道不是用来保存颜色数据的，其中的黑白不代表颜色的有或无，而代表是否被选取。在默认情况下，白色表示被完全选中的区域；灰色表示被不同程度选中的区域；而黑色表示未被选中的区域。

5）单色通道

单色通道是用来存储一种颜色信息的通道，一些高级的调色操作都是在单色通道中进行的。这种通道的产生比较特别，也可以说是非正常的。如果在“通道”面板中随便删除其中一条通道，就会发现所有的通道都变成“黑白”的了，原有的彩色通道即使不删除也变成灰度的了，如图 3-57 所示。

图 3-57　单色通道

2. “通道”面板

“通道”面板主要用于创建、编辑和管理通道。“通道”面板如图 3-58 所示，以 RGB 模式的图像为例，从上到下依次显示 RGB 复合通道、红绿蓝颜色通道、专色通道、Alpha 通道。

- “将通道作为选区载入”按钮：将通道中颜色较亮的区域作为选区加载到图像中。
- “将选区存储为通道”按钮：将当前图像中的选区存储为 Alpha 通道，仅当图像中有选区时才有效。

■ “创建新通道”按钮 ：创建一条新的 Alpha 通道。

■ “删除当前通道”按钮 ：将通道拖动到该按钮上，可以删除选择的通道。

3. 通道的创建与编辑

1）创建新的 Alpha 通道

（1）单击“通道”面板底部的“创建新通道”按钮，即可在“通道”面板中创建一条新的 Alpha 通道，该通道在面板中显示为黑色。

（2）选择“通道”面板下拉菜单中的“新建通道”命令，将弹出“新建通道”对话框，如图 3-59 所示，设置后创建新的 Alpha 通道。

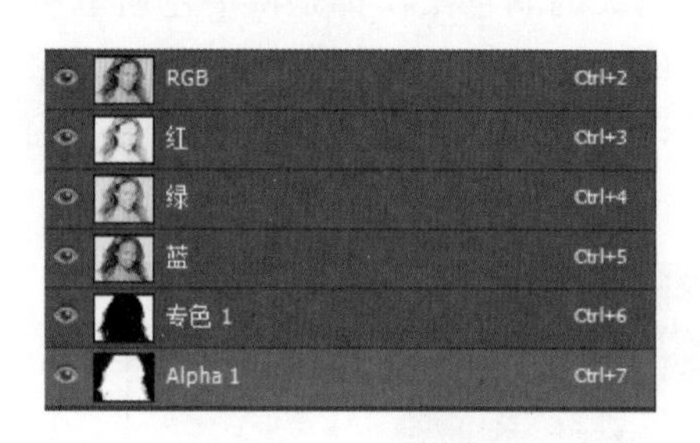

图 3-58 “通道”面板

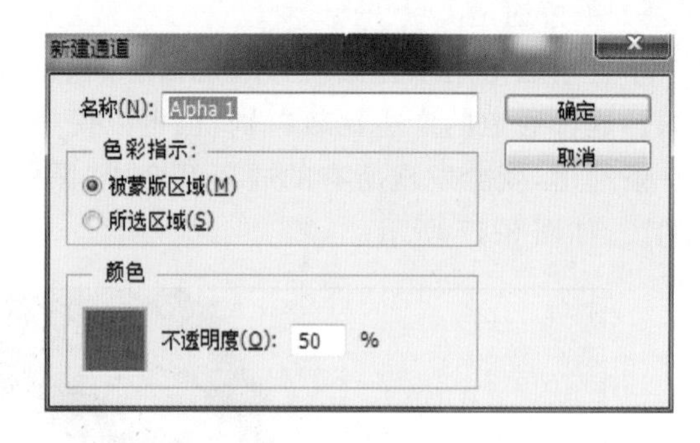

图 3-59 “新建通道”对话框

2）将选区存储为 Alpha 通道

（1）在图像中创建选区，单击“通道”面板底部的“将选区存储为通道”按钮，此时将选区存储为 Alpha 通道。默认情况下，在生成的 Alpha 通道中，白色对应选区内部，黑色对应选区外部，如图 3-60 所示。

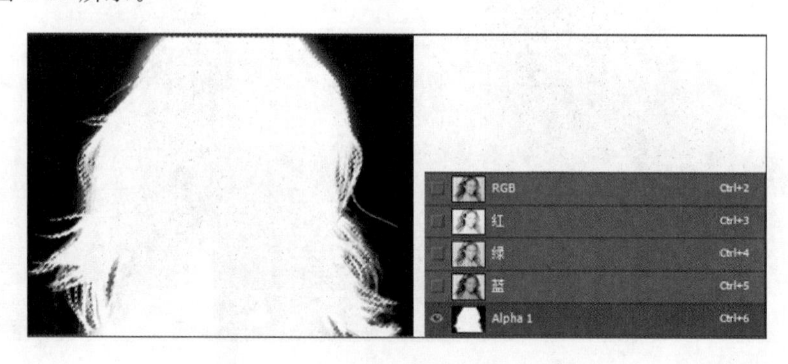

图 3-60 将选区存储为 Alpha 通道

（2）选择菜单“选择”→“存储选区”命令，弹出如图 3-61 所示的“存储选区”对话框，也可以将选区存储为 Alpha 通道。

3）分离通道

分离通道是将图像中每条通道分离为一个个大小相等且独立的灰度图像。对图像中的通道进行分离后，原文件被关闭。

选择“通道”面板下拉菜单中的“分离通道”命令，即可将通道分离，如图 3-62 所示。

分离后的新图像名称后添加了各单色通道的缩写或全名，如图 3-63 所示。

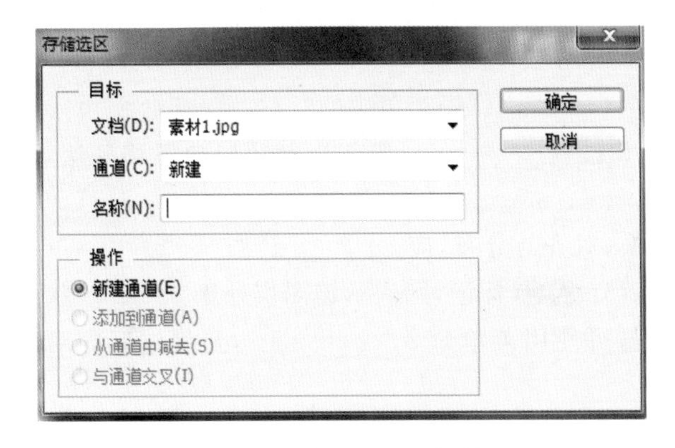

图 3-61　“存储选区”对话框

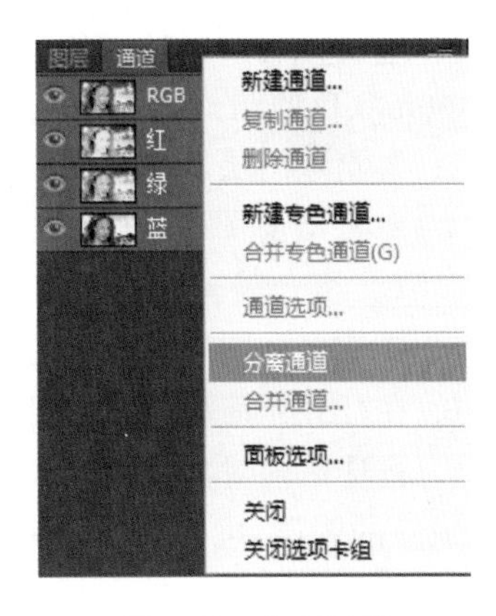

图 3-62　分离通道

图 3-63　分离通道后各原色通道生成的新图像

4）合并通道

合并通道是将多个具有相同像素尺寸、处于打开状态的灰度模式的图像，作为不同的通道合并到一个新的图像中，是分离通道的逆操作。具体操作步骤如下。

(1) 打开所有要合并通道的灰度图像，选中其中一个作为当前图像。

(2) 选择“通道”面板下拉菜单中的“合并通道”命令，弹出如图 3-64 所示的对话框。在“模式”下拉列表中选择合并图像后的颜色模式，在“通道”文本框中输入一个与选取的模式相兼容的表示通道数量的数值，单击“确定”按钮，弹出如图 3-65 所示的对话框，依次指定合并图像的各通道对应的灰度图，最后单击“确定”按钮。

图 3-64　合并通道

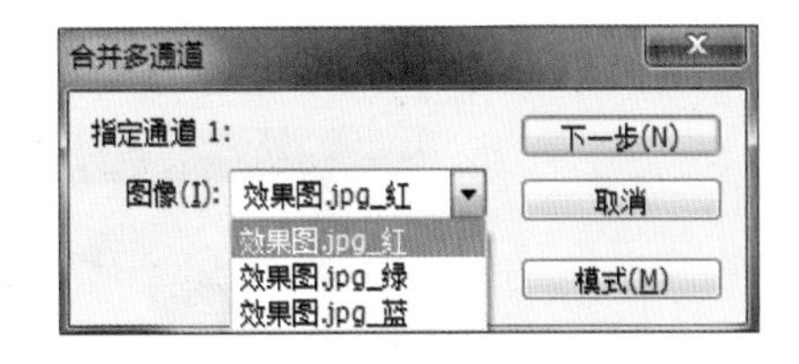

图 3-65　合并 RGB 通道

思考与实训

一、填空题

1. 在 Photoshop 中常用的图层有________、________、________、________、________、________。

2. ________图层是一个不透明的图层，不能对它进行图层不透明度、图层混合模式和图层填充颜色的调整。

3. 要删除图层，可以选择“图层”菜单“________”子菜单中的“________”命令。

4. 要将当前图层设为顶层，可以按快捷键________；要将当前图层向下移一层，可以按________组合键。

5. 要使多个图层同时进行移动、变换、对齐与分布，应________。

6. 在“图层”面板中，若某图层名称后有🔗标记，则表示该图层处于________状态。

7. 将选区内对象复制生成新的图层，可使用菜单命令“________”，要将选区内对象剪切生成新的图层，可使用菜单命令“________”。

8. 始终位于“图层”面板底部且没有透明像素的图层是________，该图层以________命名。

9. 若要将当前图层与下一图层合并，可使用菜单命令“________”；要将所有图层合并为背景图层，可使用菜单命令“________”。

10. 将上下两个图层位置重叠的像素颜色进行复合，得到的结果色将比原来的颜色都暗的颜色模式是________；将上下两个图层位置重叠的像素颜色进行复合或过滤，同时保留底层原色的亮度的颜色模式是________。

二、上机实训

1. 利用如图 3-66 所示的素材，完成如图 3-67 所示的矢量蒙版效果图。

图 3-66　矢量蒙版素材

图 3-67　矢量蒙版效果

提示：

(1) 将照片复制到背景图中，调整到适当大小。

(2) 选择工具箱中的“自定形状工具”，在选项栏的“形状”下拉列表中，选择一种合适的形状进行绘制。

(3) 选择菜单“图层”→“矢量蒙版”→“当前路径”命令。

2. 利用如图 3-68 所示的校园二折卡素材，完成如图 3-69 所示的校园宣传二折卡效果图的制作。

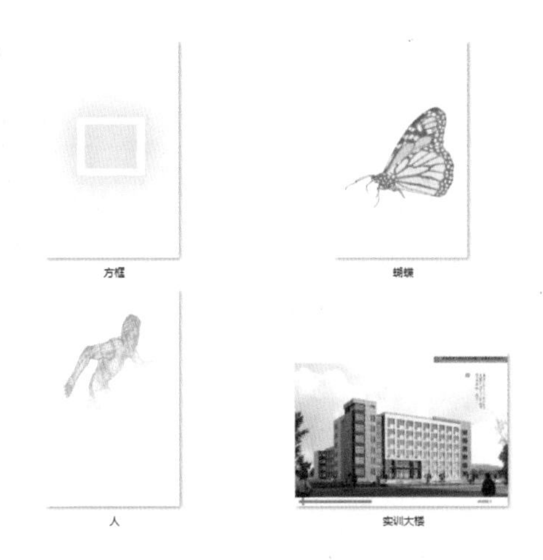

图 3-68 校园二折卡素材

图 3-69 校图宣传二折卡效果

第4章 图片的特效处理

任务　海底世界透明水泡制作

任务要求

利用滤镜及图层模式属性,完成如图4-1所示的海底世界透明水泡制作的效果。

图4-1　海底世界透明水泡效果

任务分析

- 使用Ctrl+J组合键复制图层。
- 使用菜单"滤镜"→"渲染"→"镜头光晕"命令调节画面。
- 使用菜单"滤镜"→"扭曲"→"极坐标"命令调节画面。
- 设置图层"滤色"模式得到图像效果。

制作流程

(1) 选择菜单“文件”→“打开”命令，打开本书素材盘文件夹中的素材“海底世界.jpg”文件。

(2) 将前景色设置为黑色，新建图层，按 Alt+Delete 组合键，将当前图层填充为黑色，如图 4-2 所示。

图 4-2　新建图层

(3) 选择菜单“滤镜”→“渲染”→“镜头光晕”命令，在打开的对话框中默认选项，如图 4-3 所示。

(4) 再次选择菜单“滤镜” →“扭曲”→“极坐标”命令，在打开的对话框中选中“极坐标到平面坐标”单选按钮，效果如图 4-4 所示。

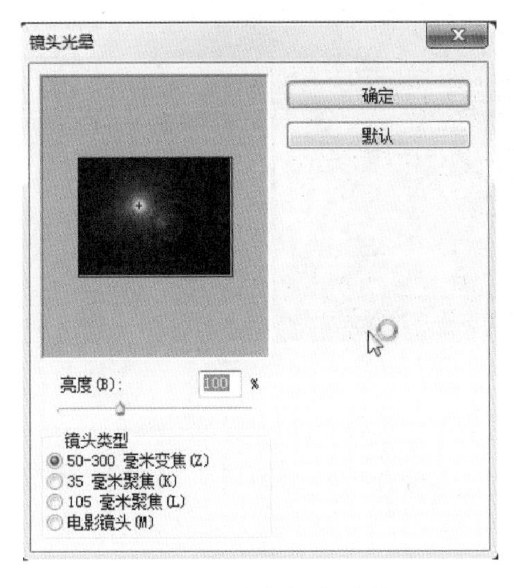

图 4-3　“镜头光晕”滤镜

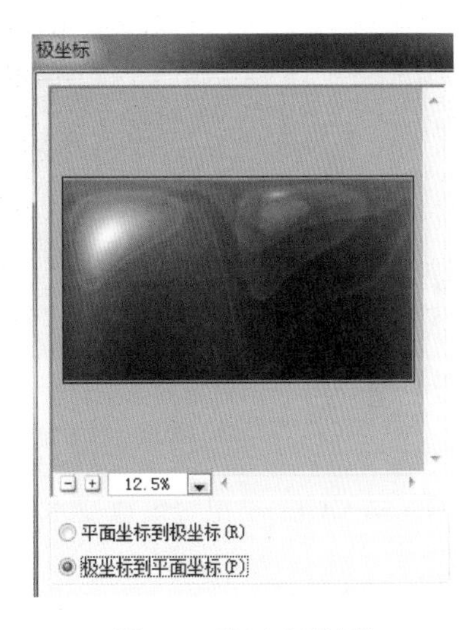

图 4-4　“极坐标”滤镜

(5) 选择菜单“编辑”→“变换”→“垂直翻转”命令，效果如图 4-5 所示。

(6) 选择菜单“滤镜”→“扭曲”→“极坐标”命令，在打开的对话框中选中“平面坐标到极坐标”单选按钮，如图 4-6 所示。

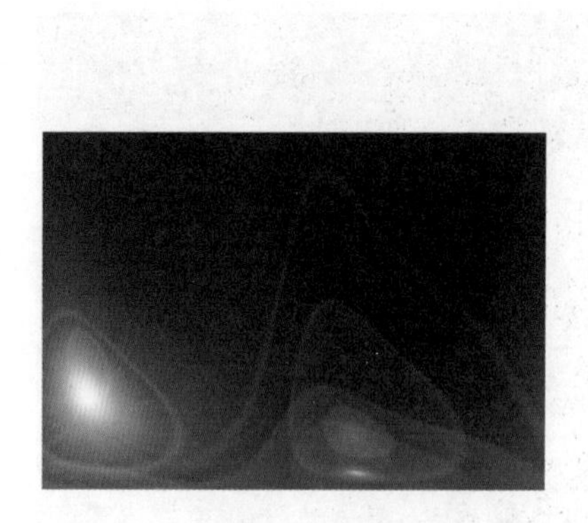

图 4-5　垂直翻转

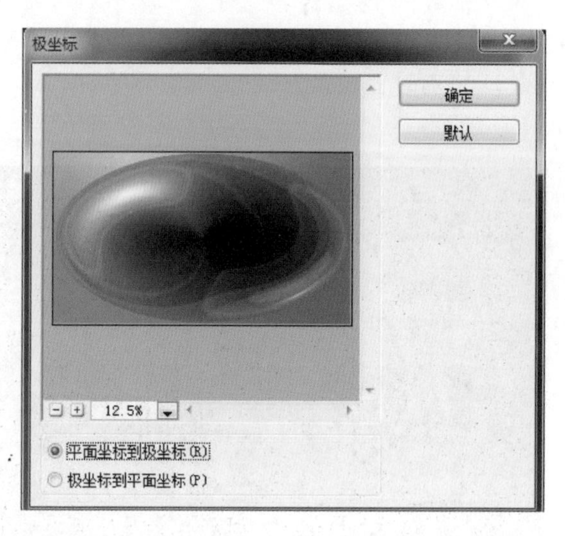

图 4-6　平面坐标到极坐标

(7) 单击“椭圆选框工具”，绘制椭圆选区，“羽化半径”设置为 5，按 Shift+Ctrl+I 组合键反选删除气泡以外的颜色，如图 4-7 所示。

图 4-7　删除气泡以外的图像

(8) 按 Ctrl+T 组合键改变水泡大小，按 Ctrl+J 组合键将此图层复制多个，如图 4-8 所示。

(9) 选择图层模式“滤色”类型，可以看到透明水泡效果，如图 4-9 所示。

图 4-8　复制多个图层

图 4-9　图层"滤色"模式

演示步骤视频

4.1　滤镜的基础知识

为了丰富照片的图像效果，摄影师们在照相机的镜头前加上各种特殊影片，这样拍摄到的照片就包含了所加镜片的特殊效果，即称为"滤色镜"。特殊镜片的思想延伸到计算机的图像处理技术中，便产生了"滤镜(Filter)"，也称为"滤波器"，是一种特殊的图像效果处理技术。一般地，滤镜都是遵循一定的程序算法，对图像中像素的颜色、亮度、饱和度、对比度、色调、分布、排列等属性进行计算和变换处理，其结果便是使图像产生特殊效果。

Photoshop 共有三种滤镜：内阙滤镜、内置滤镜(自带滤镜)和外挂滤镜(第三方滤镜)。内置滤镜与外挂滤镜都被安放在 Photoshop 安装目录的 Plug-ins 子目录下。内阙滤镜是指内阙于 Photoshop 程序内部的滤镜(共 6 组 24 支)，它们是由 Photoshop 程序对图像处理算法而决定的。内置滤镜是指在默认安装 Photoshop 时，安装程序自动安装到 Plug-ins 子目录下的那些滤镜(共 12 组 76 支)。外挂滤镜是指除上述两类以外，由第三方厂商为 Photoshop 所开发的滤镜，这些滤镜都有一定的针对性，针对 Photoshop 在功能上的不足，加以提升。在某些特定的领域，外挂滤镜处理效果比 Photoshop 处理更加方便、快捷。

将第三方开发的滤镜称为外挂滤镜，是因为它们像外挂一般，是扩展寄主应用软件的补充性程序。Photoshop 根据需要把外挂滤镜调入和调出内存。由于不是在基本应用软件中写入的固定代码，因此，外挂滤镜具有很大的灵活性，最重要的是，可以根据意愿来更新外挂，而不必更新整个应用程序。目前，国内外有多家软件开发商正在从事 Photoshop 外挂滤镜的研发工作，不完全统计，迄今为止，共有 800 多支外挂滤镜可供 Photoshop 用家选择。

4.2 滤镜的使用技巧

内置滤镜是 Photoshop 的特色工具之一，充分而适度地利用好内置滤镜不仅可以改善图像效果、掩盖缺陷，还可以在原有图像的基础上产生许多特殊炫目的效果。内置滤镜分类如图 4-10 所示。

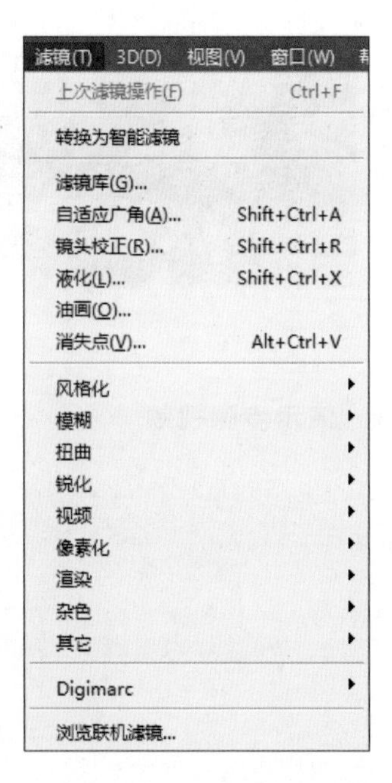

图 4-10 Photoshop 中的滤镜

使用滤镜时应该注意以下事项。

滤镜只能应用于当前可视图层，且可以反复应用、连续应用，但一次只能应用在一个图层上；滤镜不能应用于位图模式、索引颜色和 48b RGB 模式的图像，某些滤镜只对 RGB 模式的图像起作用，如 Brush Strokes 滤镜和 Sketch 滤镜就不能在 CMYK 模式下使用；滤镜只能应用于图层的有色区域，对完全透明的区域没有效果；有些滤镜完全在内存中处理，所以内存的容量对滤镜的生成速度影响很大；有些滤镜很复杂，或者要应用滤镜的图像尺寸很大，执行时需要很长时间，如果想结束正在生成的滤镜效果，需要按 Esc 键；上次使用的滤镜将出现在“滤镜”菜单的顶部，可以通过执行此命令对图像再次应用上次使用过的滤镜。

任务　雨荷的制作

任务要求

利用“渲染”滤镜，完成如图 4-11 所示的雨荷效果图。

图 4-11　雨荷效果

任务分析

- 使用“滤镜”→“渲染”→“纤维”命令调节画面。
- 使用“滤镜库”中的“染色玻璃”选项调节画面。
- 使用“滤镜库”中的“石膏效果”选项调节画面。
- 通过绘制图层蒙版得到最后的效果图。

制作流程

（1）选择菜单“文件”→“打开”命令，打开本书素材盘文件夹中的素材“荷花”文件，如图 4-12 所示。

（2）把素材荷花作为背景图层，再创建新图层“图层 1”，并填充为黑色。

（3）选择菜单“滤镜”→“渲染”→“纤维”命令，在打开的“纤维”滤镜对话框中将“差异”值设置为 25，“强度”设置为 20，单击“确定”按钮，如图 4-13 所示。

图 4-12　荷花

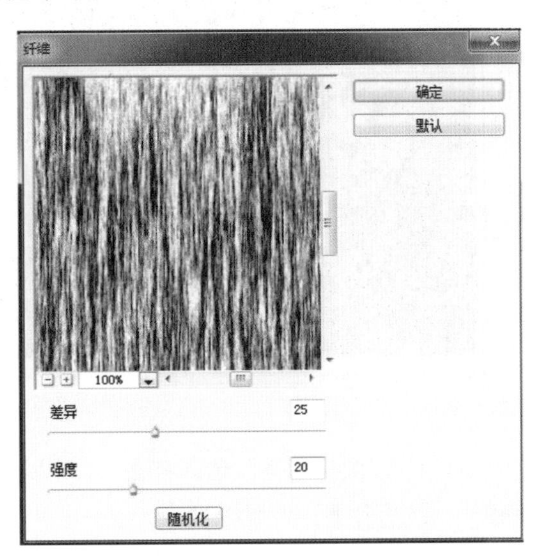

图 4-13　“纤维”滤镜对话框

(4) 选择菜单“滤镜”→“滤镜库”命令,在打开的“滤镜库”对话框中间的“纹理”展卷栏中选择“染色玻璃”选项,设置“单元格大小”为 9,“边框粗细”为 9,“光照强度”为 2,如图 4-14 所示。

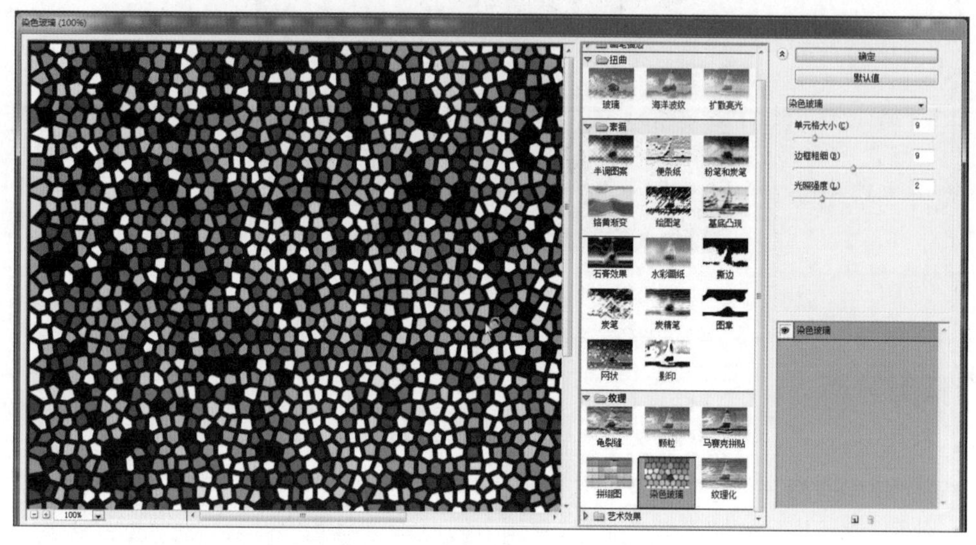

图 4-14 “染色玻璃”对话框

(5) 选择菜单“滤镜”→“滤镜库”命令,在打开的“滤镜库”对话框中间的“素描”展卷栏中选择“石膏效果”选项,设置“图像平衡”为 35,“平滑度”为 10,“光照”选择“上”,如图 4-15 所示。

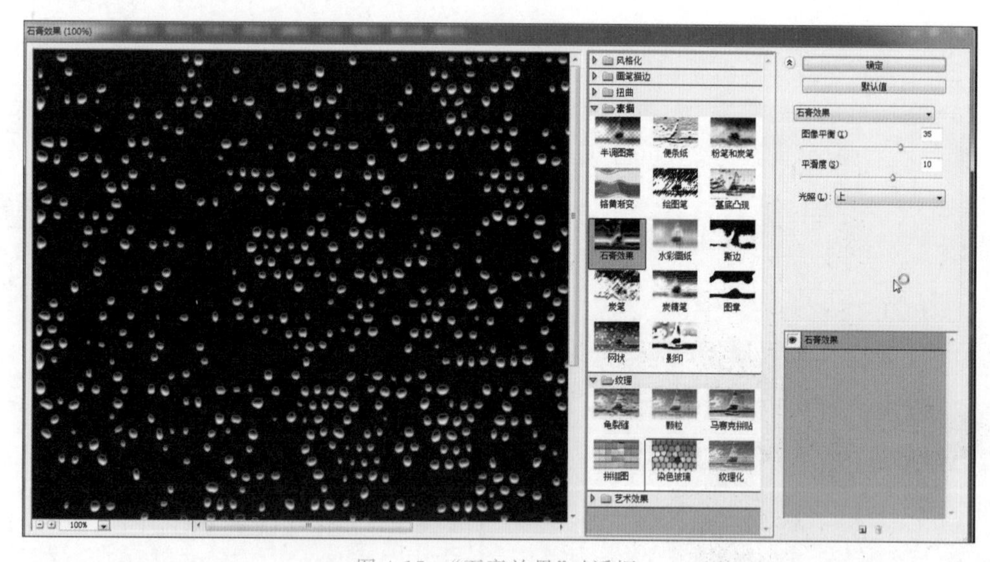

图 4-15 “石膏效果”对话框

(6) 单击“魔棒工具”,选择黑色,水珠以外的区域被选中,按 Delete 键删除,单击图层“类型”,选择“叠加”,如图 4-16 所示。

(7) 单击“添加图层蒙版”按钮,选择“画笔工具”,根据“黑透白不透”原则,将多余的水珠去掉即可,如图 4-17 所示。

图 4-16　删除水珠以外的图像

图 4-17　编辑图层蒙版

演示步骤视频

任务　动感摩托的制作

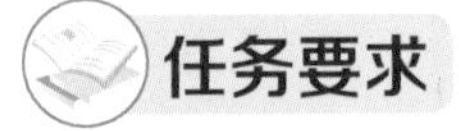

任务要求

利用"曲线工具"和滤镜,完成如图 4-18 所示的动感摩托效果图。

图 4-18　动感摩托效果

任务分析

■ 利用"曲线工具",调整画面亮度。
■ 利用"模糊工具",设置动感效果。

制作流程

(1) 打开素材"摩托车手"文件,如图 4-19 所示。

图 4-19　打开文件

（2）利用“快速选择工具”，对摩托车手生成选区，如图 4-20 所示。

图 4-20　建立选区

（3）按 Ctrl＋M 组合键利用“曲线工具”提亮摩托车手，如图 4-21 所示。

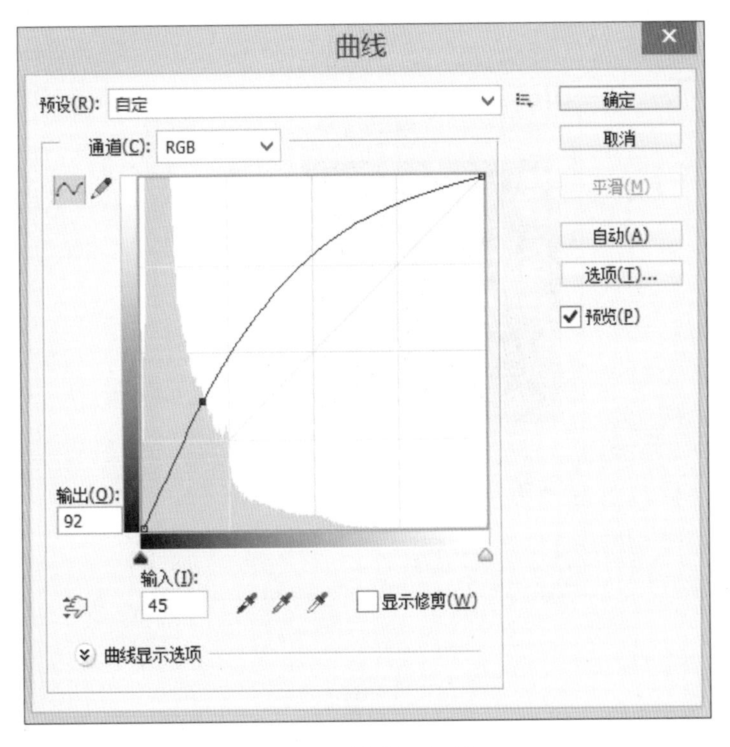

图 4-21　“曲线”对话框

（4）按 Ctrl＋Shift＋I 组合键反选，背景生成选区，如图 4-22 所示。

（5）选择菜单“滤镜”→“模糊”→“动感模糊”命令，对背景进行模糊处理，使其有风驰电掣的动感效果。参数设置如图 4-23 所示。

图 4-22 反选建立选区

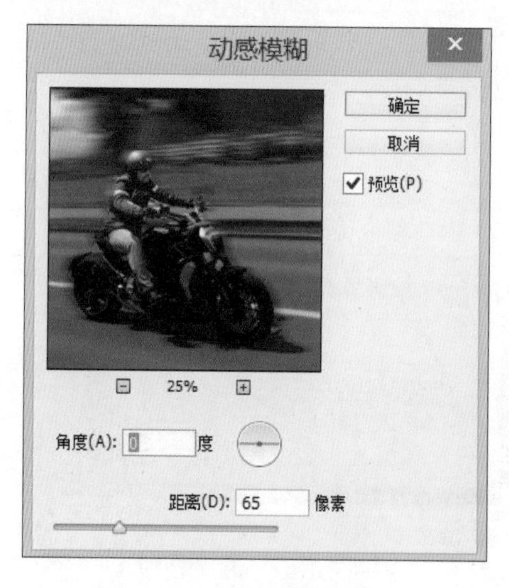

图 4-23 “动感模糊”参数设置

演示步骤视频

任务　双人跳水

任务要求

利用“模糊”滤镜和“扭曲”滤镜，完成如图 4-24 所示的双人跳水效果图。

图 4-24　双人跳水效果

任务分析

- 利用菜单“滤镜”→“模糊”→“径向模糊”命令调节画面。
- 利用菜单“滤镜”→“扭曲”→“极坐标”命令调节文字画面。
- 设置图层蒙版。

制作流程

(1) 打开素材“双人跳水.png”文件，利用“裁剪工具”，将图片裁剪成正方形，如图 4-25 所示。

(2) 按 Ctrl+J 组合键复制“背景”图层并选中该图层，如图 4-26 所示。

(3) 选择菜单“滤镜”→“模糊”→“径向模糊”命令，对图像进行处理，将“数量”设置为 30，中心点稍向上移动，确保中心点在人物中心，如图 4-27 所示。

(4) 隐藏“图层 1”，选择“背景”图层，利用“快速选择工具”对人物生成选区。

(5) 按 Ctrl+Shift+I 组合键反选，背景生成选区，如图 4-28 所示。

(6) 选择“图层 1”，并显示，添加蒙版，如图 4-29 所示。

(7) 选择“横排文字工具”，输入文字，选择菜单“滤镜”→“扭曲”→“极坐标”命令，效果如图 4-30 所示。

图 4-25　裁剪图片

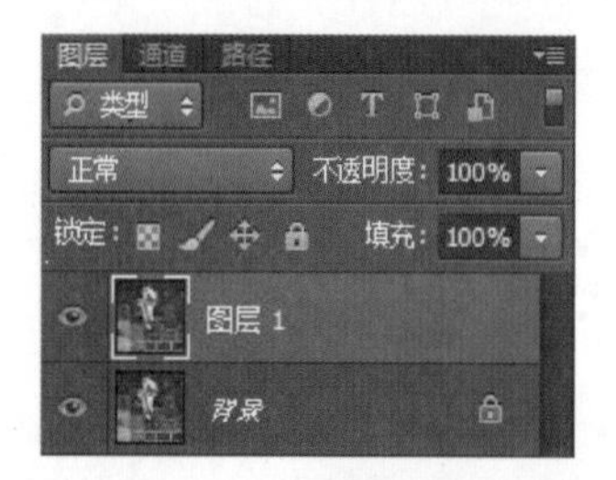

图 4-26　复制"背景"图层

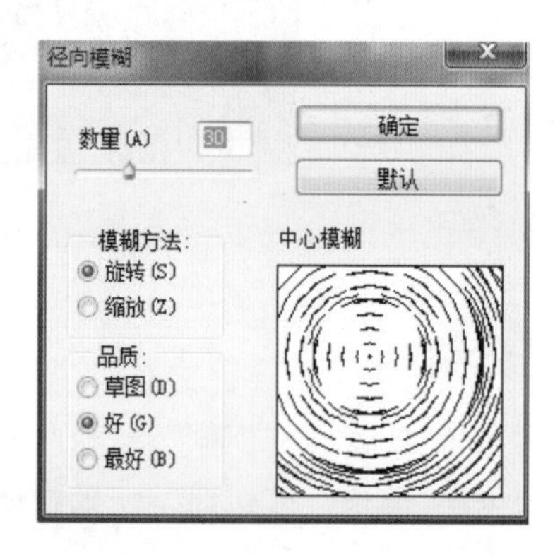

图 4-27　"径向模糊"参数设置

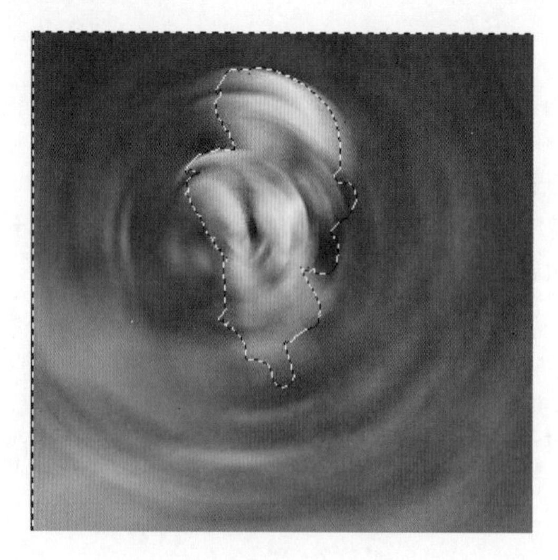

图 4-28　对人物背景生成选区

图 4-29　添加图层蒙版

图 4-30　输入文字

演示步骤视频

任务 花 卉

任务要求

利用 Photoshop 的“旋转扭曲”滤镜和“变换工具”可以绘制成千上万的花卉与图案，旋转角度不同，中心点不同(把中心点移到任何地方)，会得到不同的图案和花卉，如图 4-31 所示。

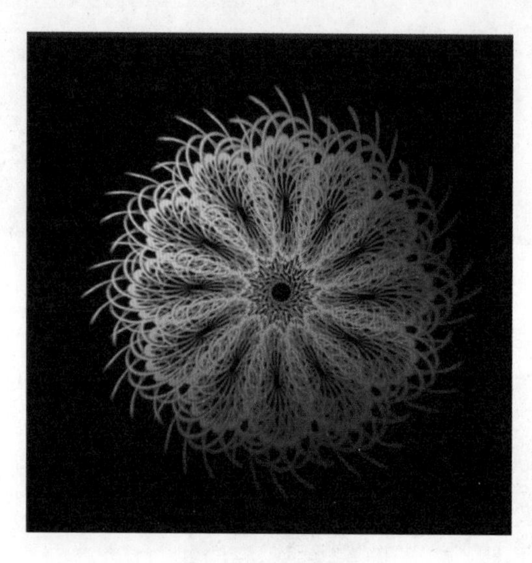

图 4-31 花卉效果

任务分析

- 使用菜单“滤镜”→“模糊”→“高斯模糊”命令调节画面。
- 使用菜单“滤镜”→“扭曲”→“旋转扭曲”命令调节画面。
- 按 Shift+Ctrl+Alt+T 组合键旋转变换复制图形。

制作流程

(1) 设置前景色为白色，背景色为黑色，新建文件 600 像素×600 像素，颜色为背景色黑色，如图 4-32 所示。

(2) 新建图层，用“自定形状工具”在中间画一闪电形状，也可用任何形状，如图 4-33 所示。

(3) 选择菜单“滤镜”→“模糊”→“高斯模糊”命令，在打开的“高斯模糊”对话框中设置“半径”为 2.0 像素，如图 4-34 所示。

(4) 选择菜单“滤镜”→“扭曲”→“旋转扭曲”命令，在打开的“旋转扭曲”对话框中设置“角度”为 500 度，数值可以自己调节，直到满意为止，如图 4-35 所示。

(5) 自由变换缩小后，按 Ctrl+J 组合键复制，然后按 Ctrl+T 组合键变换，把中心点移到左上角，旋转角度 20 度，确定。中心点位置不同，图案千变万化，如图 4-36 所示。

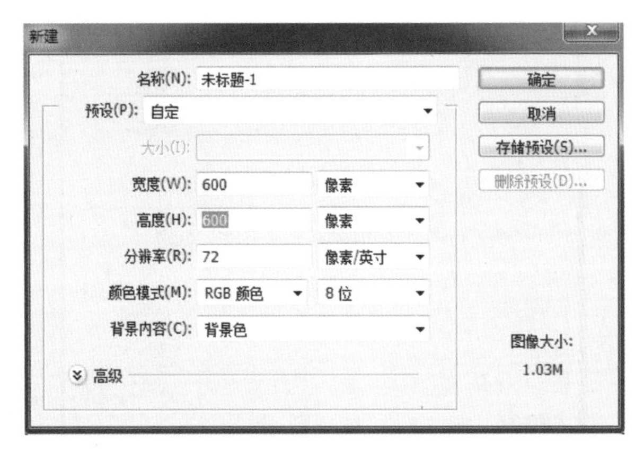

图 4-32　新建文件

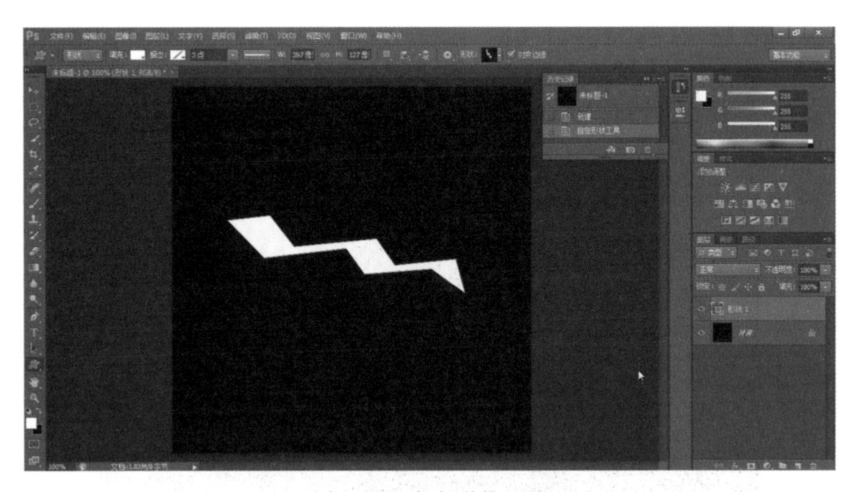

图 4-33　自定形状工具

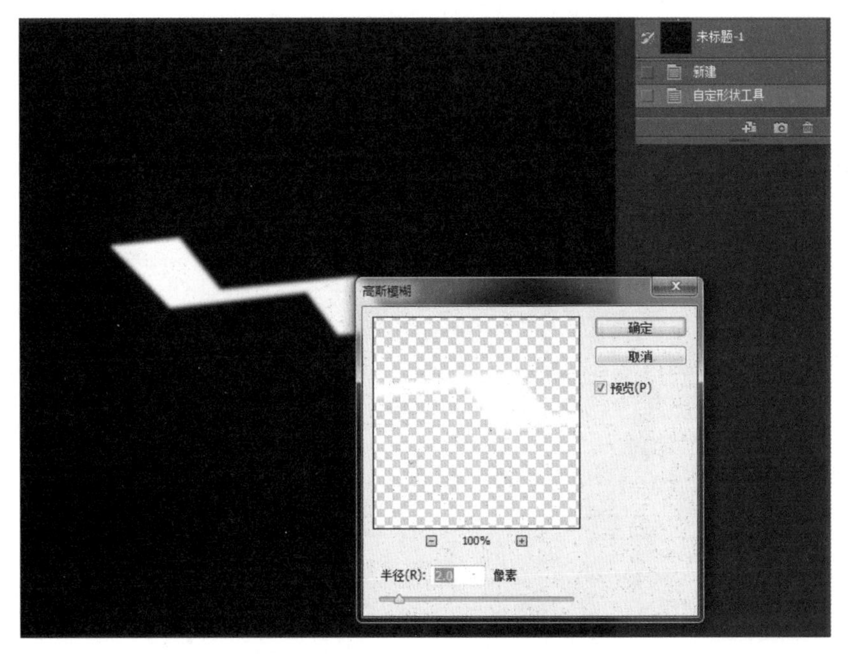

图 4-34　高斯模糊

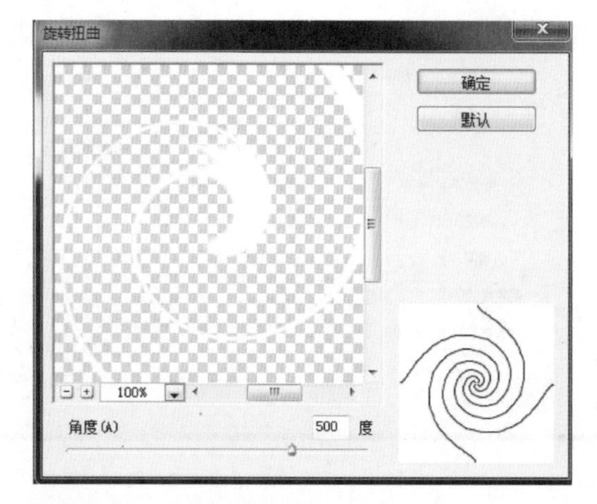

图 4-35 “旋转扭曲”滤镜

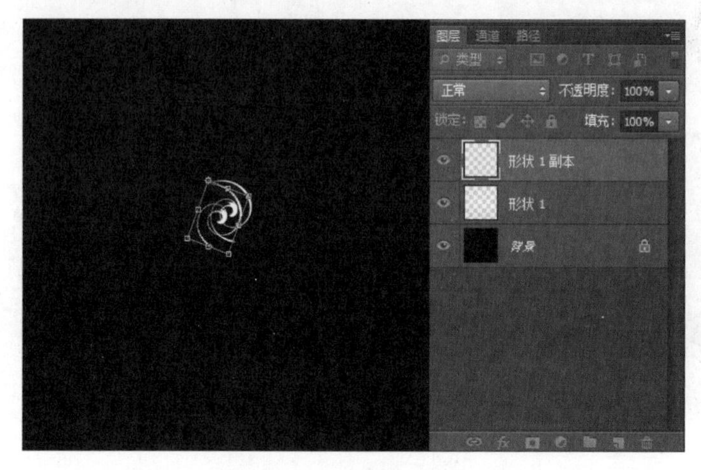

图 4-36 变换旋转

(6) 连续按 Shift+Ctrl+Alt+T 组合键复制“形状 1 副本”图层到副本 17 为止。如果对图案满意,可合并除背景图层外的所有图层,载入选区执行渐变,选用喜欢的渐变色,如图 4-37 所示。

图 4-37 旋转复制图层

(7) 合并除背景图层以外的所有图层，然后选择菜单“编辑”→“变换”→“透视”命令，把图像的两边向中间移动，形成倒三角形，如图 4-38 所示。

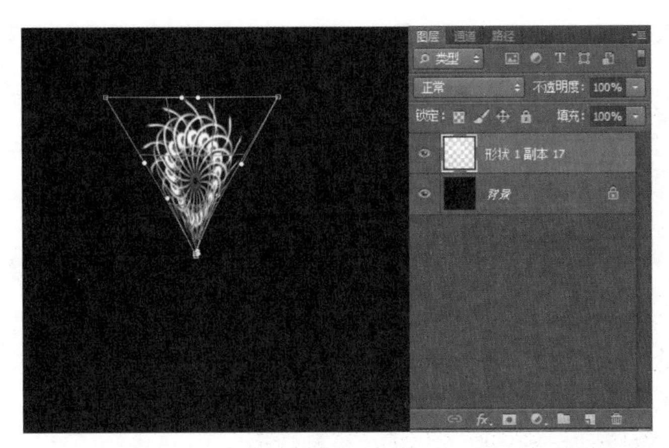

图 4-38　透视变换合并图层

(8) 缩小后把图像移到中间上方。按 Ctrl+J 组合键复制，然后按 Ctrl+T 组合键进行变换——把中心点移到下面，角度 30 度，确定，如图 4-39 所示。

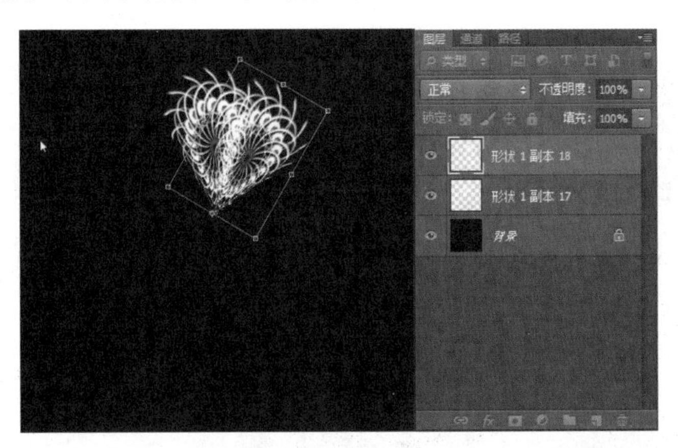

图 4-39　变换复制图层

(9) 按 Shift+Ctrl+Alt+T 组合键进行复制，形成一个圆周，如图 4-40 所示。

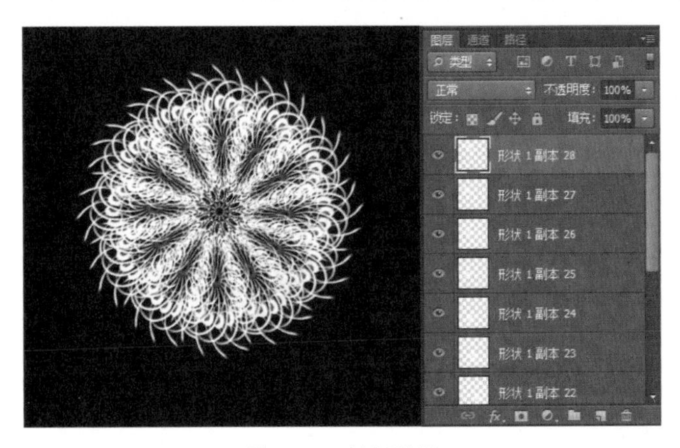

图 4-40　复制图层

(10) 合并除背景层以外的所有图层，然后选择菜单“选择”→“载入选区”命令，如图 4-41 所示。

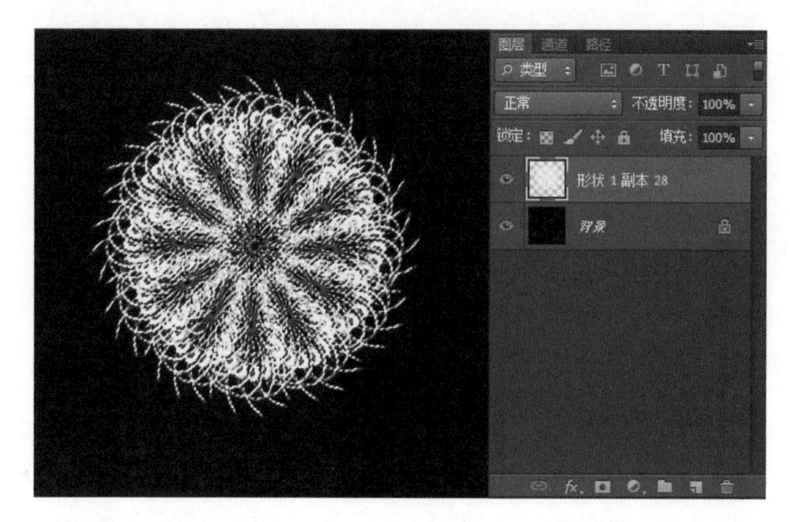

图 4-41 载入选区

(11) 执行径向渐变，选择自己喜欢的渐变色，如图 4-42 所示。

图 4-42 渐变填充

演示步骤视频

4.3 常用滤镜功能简介

1. 特殊滤镜

1）滤镜库

使用“滤镜库”，可以累积应用滤镜，并应用单个滤镜多次。还可以重新排列滤镜并更改已应用的每个滤镜的设置，以便实现所需的效果。但并非所有可用的滤镜都可以使用“滤镜库”来应用。使用“画笔描边”“素描”“纹理”“艺术效果”等滤镜组时必须打开“滤镜库”。

“画笔描边”滤镜组中的一部分滤镜通过不同的油墨和画笔勾画图像产生绘画效果，有些滤镜可以添加颗粒、绘画、杂色、边缘细节或纹理。此滤镜组包含 8 种滤镜：成角的线条、墨水轮廓、喷溅、喷色描边、强化的边缘、深色线条、烟灰墨和阴影线。

“素描”滤镜组可以将纹理添加到图像，常用来模拟素描和速写等艺术效果或手绘外观，其中大部分滤镜在重绘图像时都要使用前景色和背景色，设置不同的前景色和背景色可以得到不同的效果。可以通过“滤镜库”应用“素描”滤镜组中的滤镜。此滤镜组包含 14 种滤镜：半调图案、便条纸、粉笔和炭笔、铬黄渐变、绘图笔、基底凸现、石膏效果、水彩画纸、撕边、炭笔、炭精笔、图章、网状和影印。

- 半调图案：把一幅图像处理成用前景色和背景色组成带有网板图案的作品，用这个滤镜可以轻易制作出带有某种色彩倾向的怀旧作品。
- 便条纸：主要是简化图像色彩，使图像沿着边缘线产生凹陷，生成类似浮雕的凹陷压印图案，形成一种标志效果。
- 粉笔和炭笔：以粉笔画的笔触和效果用背景色代替原图像中的高光区与中间色部分，而以大约 45°倾斜的炭精条笔触和效果用前景色代替原图像中的阴暗部分。
- 铬黄渐变：把一幅图像处理成发亮光液体金属的样子。
- 绘图笔：使一幅图像产生钢笔纱描的效果，其素描中越是阴影面越是需要笔来表达。
- 基底凸现：根据图像的轮廓，使图像产生一种具有凹凸的粗糙边缘及纹理的浮雕效果。
- 石膏效果：在图像的轮廓中填充石膏粉效果，然后再用前景色和背景色渲染成彩色图像。
- 水彩画纸：此滤镜产生纸张扩散和画面浸湿的湿纸效果，可调节图像扩散程度、亮度、对比度。
- 撕边：在前景色与背景色交界处制作溅射分裂的效果。
- 炭笔：把一幅图像处理成用炭笔画的效果。
- 炭精笔：把一幅图像处理成用炭精条画的效果。
- 图章：将图像的轮廓做成图章，产生类似图像但却是图章的效果。
- 网状：产生网眼覆盖效果，使图像呈现网状结构。用前景色代表暗部分，用背景色代表亮部分。
- 影印：可以模拟影印图像效果。

“纹理”滤镜组可以模拟具有深度感或物质感的外观，或添加一种器质外观。此滤镜组包含 6 种滤镜：龟裂缝、颗粒、马赛克拼贴、拼缀图、染色玻璃和纹理化。

“艺术效果”滤镜组可以模仿自然或传统介质效果，使图像看起来更具有绘画或艺术效果。可以通过滤镜库应用所有“艺术效果”滤镜。此滤镜组包含15种滤镜：壁画、彩色铅笔、粗糙蜡笔、底纹效果、干画笔、海报边缘、海绵、绘画涂抹、胶片颗粒、木刻、霓虹灯光、水彩、塑料包装、调色刀和涂抹棒。

2）自适应广角

广角镜头在拍摄照片时，都会有镜头畸变的情况，让照片边角位置出现弯曲变形，即使再昂贵的镜头也是如此。Photoshop CS6 中添加的一个全新滤镜，可以在处理广角镜头拍摄的照片时，对镜头产生的变形进行处理，得到一张完全没有变形的照片。

3）“镜头较正”滤镜

“镜头较正”滤镜根据各种相机与镜头的测量自动校正，可以轻易消除桶状和枕状变形、相片周边暗角，以及造成边缘出现彩色光晕的色相差。

4）“液化”滤镜

“液化”滤镜可用于推、拉、旋转、反射、折叠和膨胀图像的任意区域。创建的扭曲可以是细微的或剧烈的，所以“液化”滤镜成为修饰图像和创建艺术效果的强大工具。

5）“油画”滤镜

“油画”滤镜是 Photoshop CS6 新增加的滤镜，可以通过调整滤镜参数，使图像产生油画风格的效果。

6）“消失点”滤镜

“消失点”滤镜可以在编辑包含透视平面的图像时保留正确的透视关系，经常用于制作建筑或家具中有透视效果的花纹。

7）“智能”滤镜

给智能对象图层添加滤镜时出现有蒙版状态的滤镜效果。可以通过蒙版来控制需要加滤镜的区域。同时可以在同一个“智能”滤镜下面添加多种滤镜，并可以随意控制滤镜的顺序，有点类似图层样式。

2. 内置滤镜

1）风格化

“风格化”滤镜组可以置换像素、查找并增加图像的对比度，产生绘画和印象派风格的效果。此滤镜组包含8种滤镜：查找边缘、等高线、风、浮雕效果、扩散、拼贴、曝光过度和凸出。

- 查找边缘：通过强化颜色过滤区，从而使图像产生轮廓被铅笔勾画的描边效果。使用这个滤镜，系统会自动寻找，识别图像的边缘，用优美的细线描绘它们，并给背景填充白色，使一幅色彩浓郁的图像变成别具风格的速写。
- 等高线：产生的是一种异乎寻常的简洁效果——白色底色上简单地勾勒出图像细细的轮廓。
- 风：在图像中增加一些小的水平线以达到起风的效果。
- 浮雕效果：通过勾画图像轮廓和降低周围像素色值，从而生成具有凸凹感的浮雕效果。
- 扩散：移动像素的位置，使图像产生油画或毛玻璃的效果。
- 拼贴：将图像分割成有规则的分块，从而形成拼图状的瓷砖效果。
- 曝光过度：将图像正片和负片混合，从而产生摄影中的曝光效果。
- 凸出：产生一个三维的立体效果。使像素挤压出许多正方形或三角形，可将图像转换为三维立体图或锥体，从而生成三维背景效果。

2）模糊

“模糊”滤镜组可以削弱相邻像素的对比度并柔化图像，使图像产生模糊效果，在去除图像的杂色，或者创建特殊效果时会经常用到此类滤镜。此滤镜组包含14种滤镜，Photoshop CS6中，在“模糊”滤镜组中新增加了场景模糊、光圈模糊和倾斜偏移三种全新的模糊方式，为摄影师在后期处理照片特别是添加景深效果时提供了极大的便利。另外11种滤镜是表面模糊、动感模糊、方框模糊、高斯模糊、进一步模糊、径向模糊、镜头模糊、模糊、平均、特殊模糊和形状模糊。

- 场景模糊：通过添加不同的控制点并设置每个点作用的模糊强度来控制景深的特效，制作有层次的浅景深效果。
- 光圈模糊：就是类似相机的镜头来对焦，焦点周围的图像会相应地模糊。
- 倾斜偏移：用来模拟移轴镜头的虚化效果。
- 动感模糊：是对图像进行指定方向的强化模糊，其参数设置为角度与距离。
- 径向模糊：可以模拟移动或旋转相机产生的模糊效果。该对话框中包含“旋转”和“缩放”两种模糊方法，还包括三种品质：草图、好和最好。
- 高斯模糊：是按照指定的数值快速模糊图像，产生朦胧的效果。“高斯模糊”滤镜的半径值为0.1～255像素，数值越大，模糊程度越高。

3）扭曲

“扭曲”滤镜组可以对图像进行几何扭曲，创建3D或其他整形效果，在处理图像时，这些滤镜会占用大量内存。此滤镜组包含12种滤镜：波浪、波纹、极坐标、挤压、切变、球面化、水波、旋转扭曲、置换、玻璃、海洋波纹和扩散亮光。

- 波浪：使图像产生强烈的波纹起伏效果。其强烈程度可控制。
- 波纹：和波浪相似，同样产生波纹起伏的效果，但效果较为柔和。
- 极坐标：将图形中假设的直角坐标转换成为极坐标，或将假设的极坐标转换为直角坐标，前者把矩形的上边往里压缩，下边向外延伸。最后上边的区域形成圆心部分，下边变成圆周部分，从而使图形畸形失真。
- 挤压：把图像挤压变形，收缩膨胀产生离奇的效果。
- 切变：沿着对话框中一条指定的曲线扭曲影像。
- 球面化：把图像中所选定的球形区域或其他区域扭曲膨胀或变形缩小。
- 水波：使所选择的图形产生像涟漪一样的波动效果。
- 旋转扭曲：在图形的选择区域内产生旋转的效果。选择区中心旋转得比边缘厉害，可以指定旋转角度。
- 置换：用另一幅图像中的颜色和形状来确定当前图像中图形的改变形式。
- 玻璃：使一幅图像产生通过不同的玻璃看到的效果。
- 海洋波纹：使图像上产生一层水波纹，好像透过水面看这幅图像一样。
- 扩散亮光：可以在图像中加入白色的光芒，形成光芒四射不可逼视的效果。

4）锐化

“锐化”滤镜组可以通过增强相邻像素间的对比度来聚焦模糊的图像，使图像变得清晰。此滤镜组包含5种滤镜：USM锐化、进一步锐化、锐化、锐化边缘和智能锐化。

5）视频

“视频”滤镜组可以将普通的图像转化为视频设备可以接收的图像。此滤镜组包含两种滤镜：NTSC 颜色和逐行。

- NTSC 颜色：可以解决当使用 NTSC 方式向电视机输出图像时色域变窄的问题，实际是将色彩表现范围缩小，将某些饱和度过多的图像转成近似的图像，去减低饱和度。
- 逐行：此滤镜在用于视频输出时消除混杂信号的干扰，使图像平滑、清晰。

6）像素化

“像素化”滤镜组可以通过使单元格中颜色值相近的像素结成块来清晰地定义一个选区，可以创建彩块、点状、品格和马赛克效果。

此滤镜组包含 7 种滤镜：彩块化、彩色半调、点状化、晶格化、马赛克、碎片和铜版雕刻。

7）渲染

“渲染”滤镜组可以在图像中创建 3D 形象、云彩图案、折射图案和模拟的光反射。此滤镜组包含 5 种滤镜：分层云彩、光照效果、镜头光晕、纤维和云彩。

- 分层云彩：使用随机产生的介于前景色与背景之间的值来生成云彩图案，产生类似于照片底片的效果。
- 光照效果：功能非常强大，类似于三维软件中的灯光功能，可将图像应用不同的光源、光类型和光特性，也可以改变基调，增加图像的深度和聚光。
- 镜头光晕：模拟亮光照射到相机镜头所产生的光晕效果，使图像呈现不同于普通照片的一种太阳光晕效果。该滤镜包含 4 种镜头类型，分别是“50～300 毫米变焦”“35 毫米聚焦”“105 毫米聚焦”“电影镜头”。
- 纤维：可使用前景色和背景色创建类似编织的纤维效果。
- 云彩：可根据当前的前景色和背景色之间的变化随机生成柔和的云纹图案，并将原稿内容全部覆盖，通常用来产生一些背景纹理。

8）杂色

“杂色”滤镜组可以添加、去除杂色或带有随机分布色阶的像素，创建与众不同的纹理，也用于去除有问题的区域。此滤镜组包括 5 种滤镜：减少杂色、蒙尘与划痕、去斑、添加杂色和中间值。

9）其他

“其他”滤镜组有允许用户自定义滤镜的命令、使用滤镜修改蒙版的命令、在图像中使选区发生位移和快速调整颜色的命令。此滤镜组包括 5 种滤镜：高反差保留、位移、自定、最大值和最小值。

10）Digimarc

Digimarc 滤镜组用于读取水印和在图像中嵌入水印。此滤镜组包括两种滤镜：读取水印和嵌入水印。

一、填空题

1. 设置自动色阶的快捷键是________。

2. 复制图层的快捷键是________。
3. 对所选范围进行填充的快捷键是________。
4. 设置“画笔工具”的快捷键是________。
5. 设置“模糊工具”的快捷键是________。
6. 拼合所有图层的快捷键是________。
7. 在图层上右击选择“混合”选项可以打开________________,或者双击图层来实现。

二、上机实训

1. 利用“切变”滤镜制作如图 4-43 所示的效果图。

图 4-43　切变效果图

2. 利用“分层云彩”滤镜制作闪电效果,如图 4-44 所示。

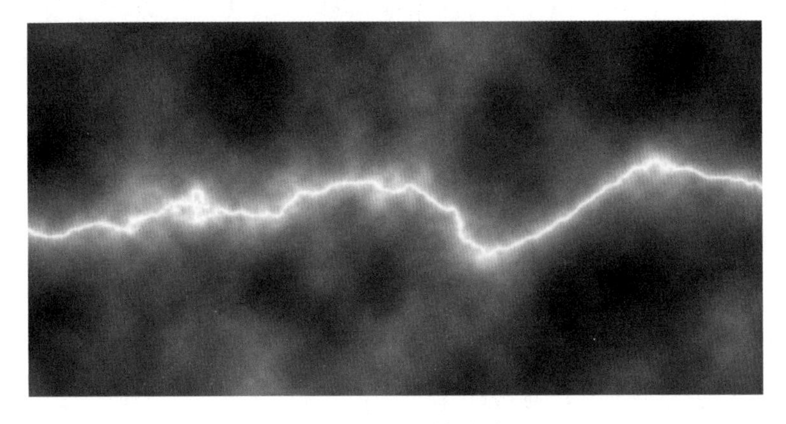

图 4-44　闪电效果图

特效文字制作

任务　白云特效字的制作

任务要求

利用文字工具、“画笔工具”“渐变工具”，完成如图 5-1 所示的白云特效字效果。

图 5-1　白云特效字效果

任务分析

- 设置前景色以及背景色，使用“渐变工具”创建背景图片。
- 使用文字工具输入文字。
- 使用白云画笔进行填充。

制作流程

(1) 在 Photoshop 中创建一张新图片，“大小”为 1000 像素×500 像素，“分辨率”为 72 像素/英寸，RGB 模式白色背景的文件，如图 5-2 所示。

(2) 设置前景色为＃3497b6，背景色为＃97d5e6，使用“渐变工具”拖动出一个线性渐变，如图 5-3 所示。

(3) 使用“横排文字工具”在图片中输入文字 cloud，“字体”为 Impact，“字号”为 226，“颜色”为“白色”，如图 5-4 所示。

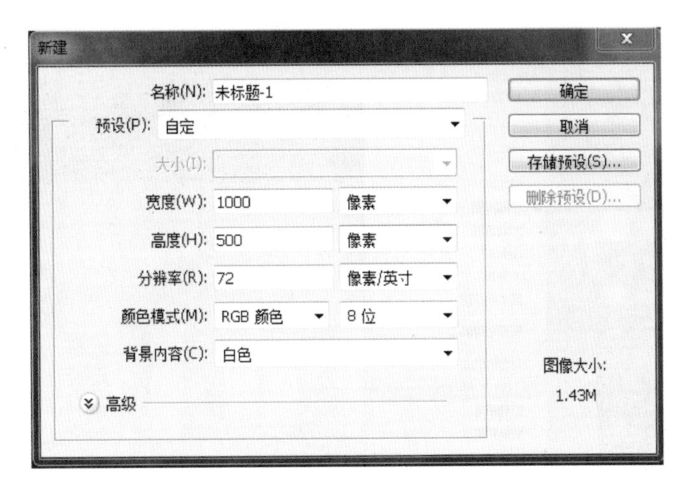

图 5-2　新建文件

图 5-3　线性渐变

图 5-4　输入文字

(4) 制作云朵背景。首先在 Photoshop CS6 中载入白云笔刷(白云笔刷在素材文件夹里文件名为“白云笔刷.abr”),如图 5-5 所示。然后在文字图层的下面创建一个新图层,选择如图 5-6 所示的云朵笔刷,在文字的图层后面添加白云。

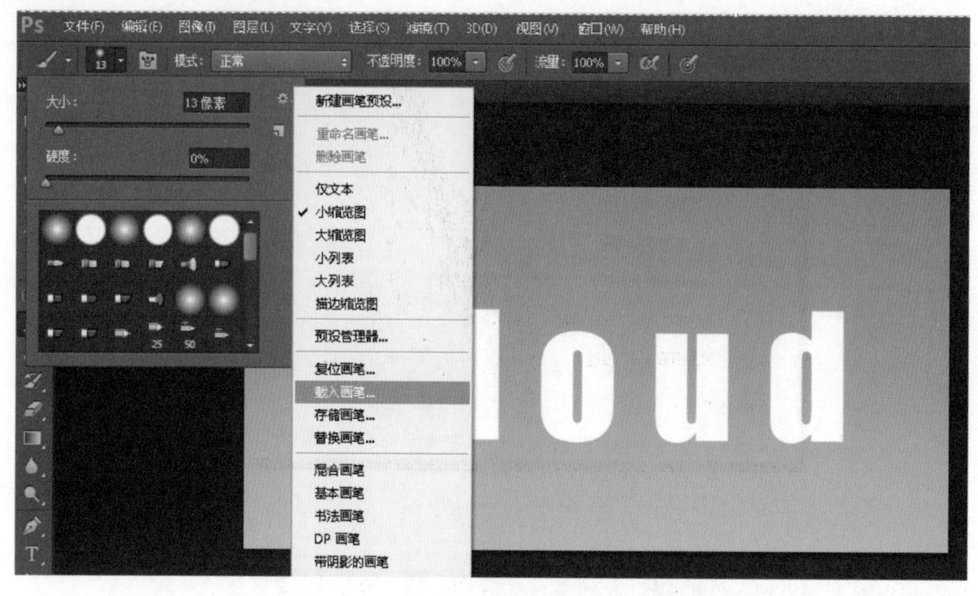

图 5-5　载入画笔

图 5-6　设置笔刷绘制图层

(5) 把白云制作成文字的形状。按住 Ctrl 键并单击文字图层的缩略图来载入文字选区，然后选择白云的图层，按 Shift＋Ctrl＋I 组合键进行反选，再按 Delete 键删除，最后按 Ctrl＋D 组合键取消选择，并删除文字图层，如图 5-7 所示。

(6) 使用“模糊工具”以及“橡皮擦工具”，设置柔角笔刷和较低的不透明度，然后涂抹白云文字的边界，使它看起来更柔和，如图 5-8 所示。

(7) 再使用云朵笔刷，设置笔刷小一点在白云文字的边界位置绘制一点小云朵，如图 5-9 所示。

(8) 最后创建一个新图层，使用较大的云朵笔刷添加一些白云作为背景，然后设置这个图层的“不透明度”为 50％，如图 5-10 所示，完成制作。

图 5-7 删除文字图层后的效果

图 5-8 擦除涂抹后的效果

图 5-9 在边界绘制小云朵

图 5-10 设置图层不透明度

演示步骤视频

5.1 文字工具

在 Photoshop 中使用文字工具可以直接在图像上输入文字和编辑文字。文字工具在工具箱中以一个小小的图标 T 呈现，键盘快捷键是字母 T。如果用鼠标点按该工具，会看到下拉列表中的 4 个选项："横排文字工具""直排文字工具""横排文字蒙版工具"和"直排文字蒙版工具"，如图 5-11 所示。

1. 横排文字工具

单击工具箱中的"横排文字工具"按钮，再单击画布，即可在当前图层的上边创建一个新的文字图层，如图 5-12 所示。同时，画布内鼠标单击处会出现一个竖线光标，表示可以输入横排排列的文本(从左至右及从上至下)。

2. 直排文字工具

单击工具箱中的"直排文字工具"按钮，此时的工具选项栏与图 5-13 所示基本相同。它的使用方法与"横排文字工具"的使用方法基本相同，只是输入的文字是竖排排列的文本(从下至上及从右至左)。

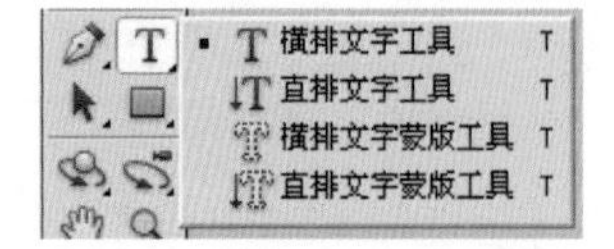

图 5-11　文字工具组

图 5-12　使用横排方式输入文字

图 5-13　文字工具选项栏

3. 文字蒙版工具

单击工具箱中的“横排文字蒙版工具”按钮或“直排文字蒙版工具”按钮，此时的工具选项栏与图 5-13 所示基本一致，再单击画布，即可在当前图层上加入一个红色的蒙版，输入完毕后单击工具选项栏右侧的提交按钮，所输入的文字就变为文字选区，如图 5-14 所示。

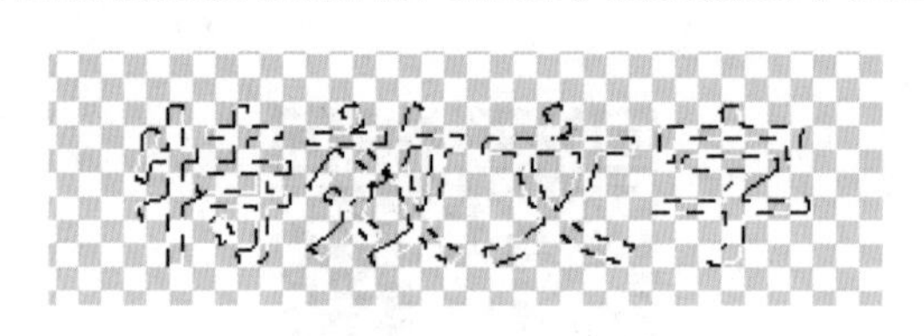

图 5-14　使用文字蒙版方式输入文字

4. 文字工具选项栏

使用文字工具选项栏来设置文字特征。文字工具选项栏的选项有字体、字体大小、字体样式、文字对齐方式和文本颜色等，如图 5-13 所示。

- “切换文本取向”图标：用来切换文字的水平方向与垂直方向。
- “创建文字变形”图标：使用这个功能可以把文本扭曲或者实现文字的各种变形。
- “切换字符和段落面板”图标：用来打开“字符”和“段落”面板以及实现“字符”和“段落”面板的切换。

5.2 文字的属性

文字的属性可以根据用途的不同分为两部分：字符属性和段落属性。在编辑文字的过程中或完成后都可以改变文字属性。

1. 字符属性

选择菜单“窗口”→“字符”命令，或者在文字工具选项栏中单击“切换字符和段落面板”图标，打开“字符”面板，如图 5-15 所示。在“字符”面板中可以设定文字的字体、大小、颜色、字距以及文字基线的移动等变化。

2. 段落属性

一个或多个字符后跟一个硬回车就被称为段落。选择菜单“窗口”→“段落”命令，打开“段落”面板，如图 5-16 所示。在“段落”面板中可以设定段落的对齐、段前以及段后等。

图 5-15　“字符”面板

图 5-16　“段落”面板

5.3　栅格化文字

在 Photoshop 中输入的文字是矢量的文本，这类字可以使操作者有编辑文本的能力，当生成文本在后，可以对文本进行调整大小、应用图层样式，还可以变形文本。但是，有些操作却不能实现，如滤镜和色彩调整，这些操作在基于矢量的文本上就不能用。如果要对矢量文本应用这些效果，就必须首先栅格化文字，也就是把它转换成像素。

栅格化将文字图层转换为普通图层，并使其内容不能再进行文本编辑。想要把文本渲染成像素，首先要选择该文字图层，再选择菜单“图层”→“栅格化”→“文字”命令即可。

任务　绒毛特效字的制作

任务要求

利用文字工具、“画笔工具”和图层样式，完成如图 5-17 所示的绒毛特效字。

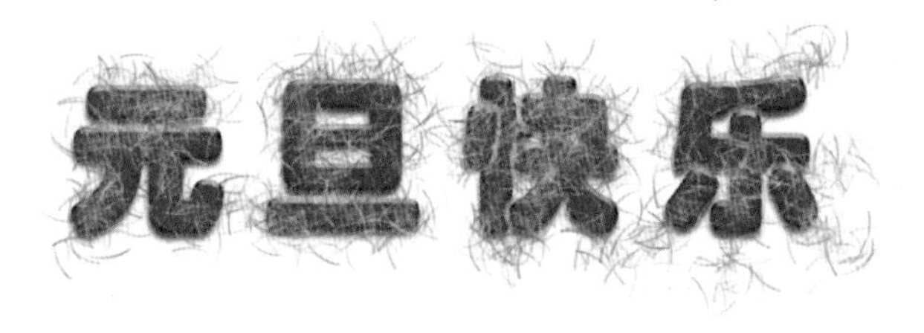

图 5-17　绒毛特效字

任务分析

- 创建新文件使用文字工具输入文字。
- 设置相应的图层样式。

■ 设置动态画笔进行填涂。

制作流程

（1）在 Photoshop 中创建一张新图片，“大小”为 800 像素×600 像素，“分辨率”为 72 像素/英寸，RGB 模式白色背景的文件，如图 5-18 所示。

（2）将素材文件夹中的华文琥珀字体文件复制到系统字体目录下（\windows\fonts）。使用“横排文字工具”设置“字体”为“华文琥珀”，“大小”为 130 点，“颜色”为＃f214c0，输入文字“元旦快乐”，如图 5-19 所示。

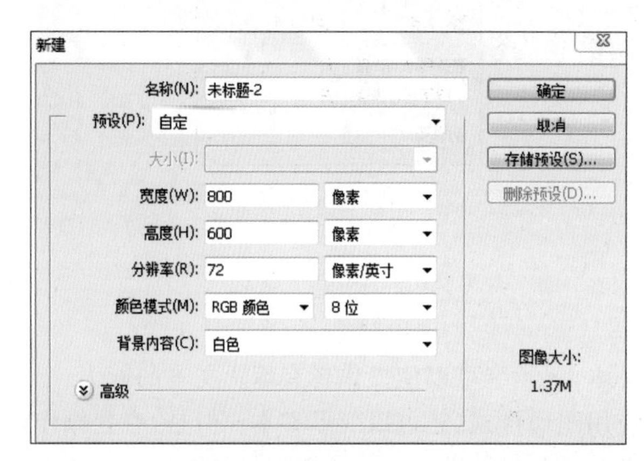

图 5-18　新建文件

元旦快乐

图 5-19　输入文字

（3）双击文字图层打开“图层样式”对话框，设置投影颜色为＃610037，如图 5-20 所示。再设置内阴影颜色与投影一致，其他参数如图 5-21 所示。

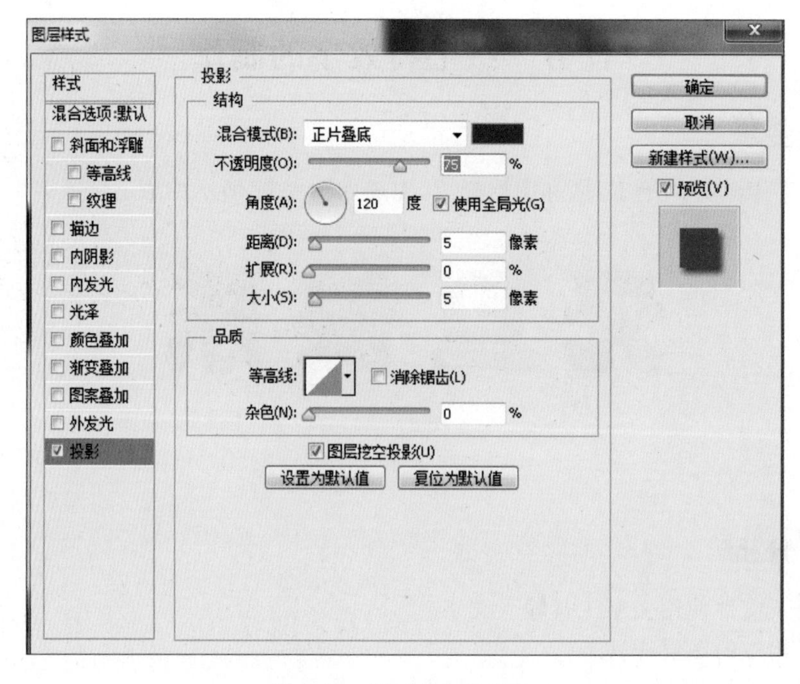

图 5-20　“投影”参数设置

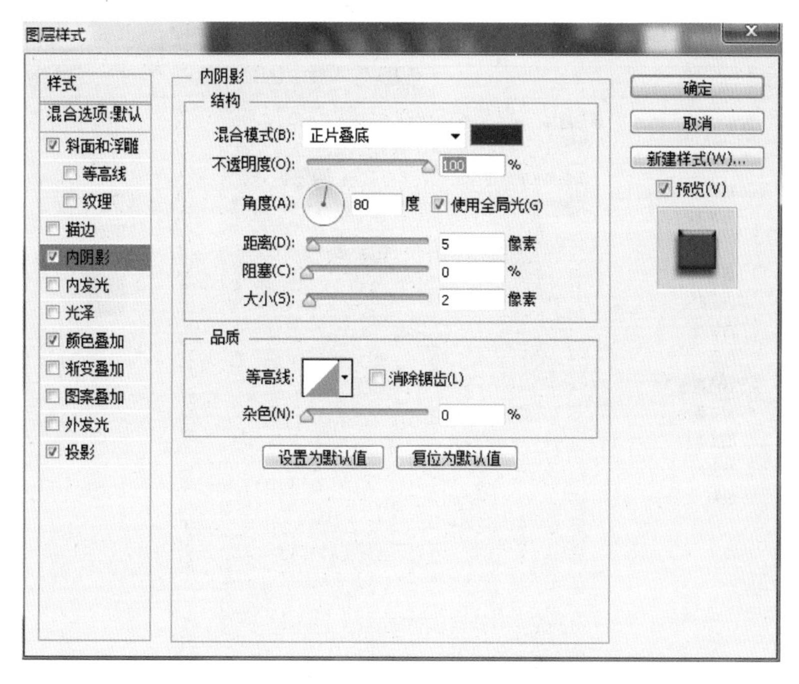

图5-21 “内阴影”参数设置

(4) 设置“斜面和浮雕”与“颜色叠加”(#a8005f),参数如图5-22和图5-23所示。

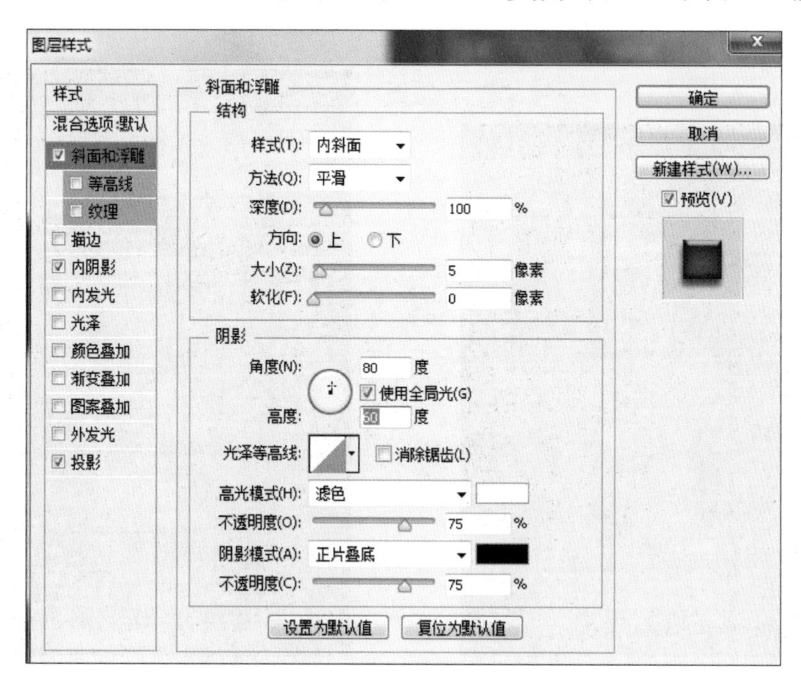

图5-22 “斜面和浮雕”参数设置

(5) 选择“画笔工具”,单击工具选项栏中的“切换画笔面板”按钮,在打开的“画笔”面板的“画笔笔尖形状”列表框中选择“沙丘草”画笔,设置“大小”为35像素,“间距”为25%,如图5-24所示。打开“画笔”面板设置动态画笔的形状动态,如图5-25所示。其余为默认值。

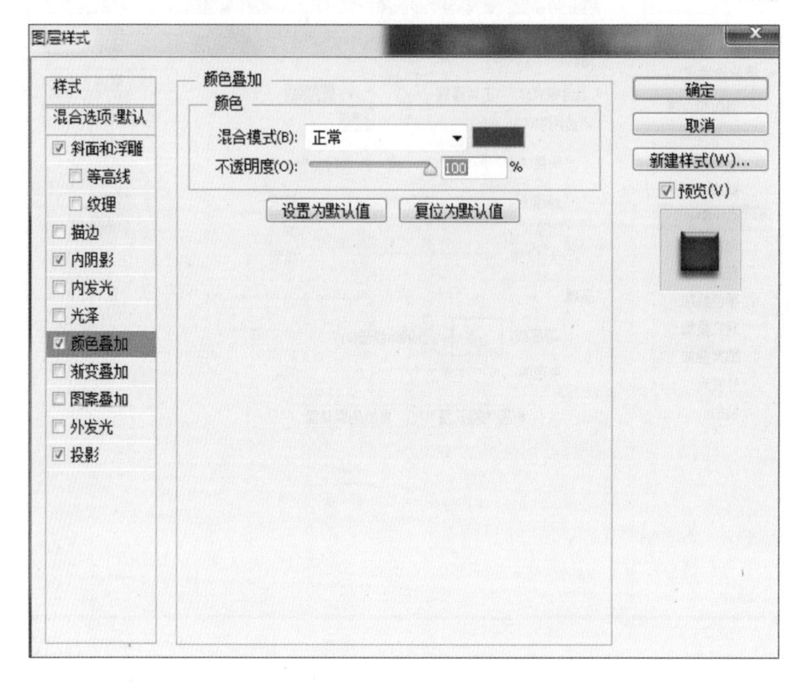

图 5-23 “颜色叠加”参数设置

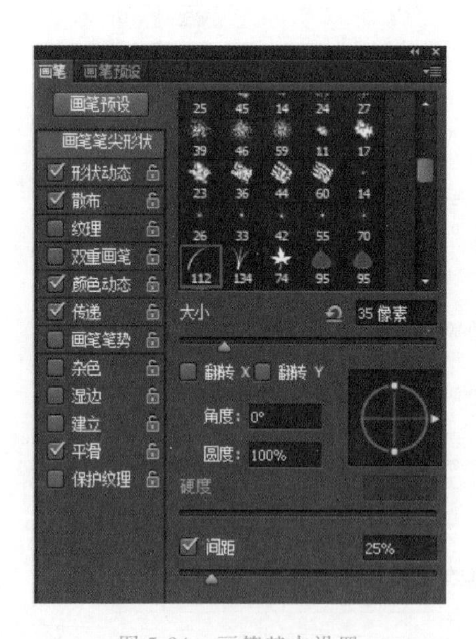

图 5-24 画笔基本设置

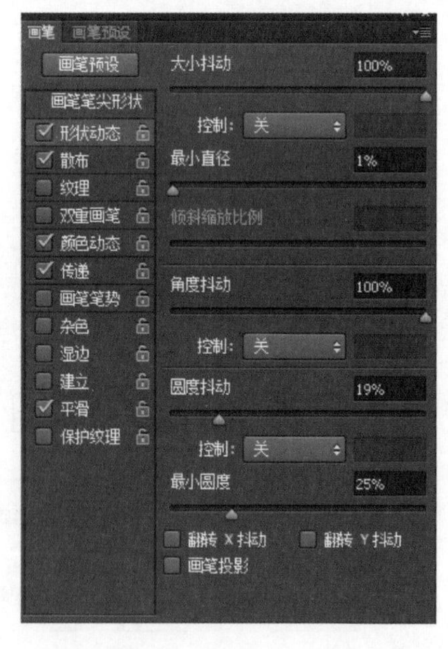

图 5-25 动态画笔设置

(6) 画笔设置好后,把前景色设置为＃FF0090,背景白色,新建一个图层,用画笔沿着字体走势描出毛茸茸的效果。

演示步骤视频

任务 彩块特效字的制作

任务要求

利用文字工具以及"滤镜"功能的"拼贴"滤镜、"晶格化"滤镜和"枕状浮雕"样式等，完成如图 5-26 所示的彩块文字效果。

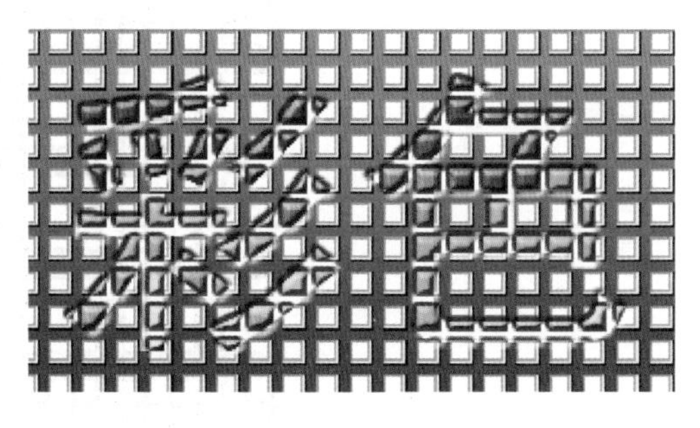

图 5-26 彩块特效字

任务分析

- 通过"拼贴"滤镜来分割画布，增强图案中黑色线条的宽度。
- 将画布中的黑色线条载入选区，使用蓝红渐变填充。
- 输入主题文字，新建图层并将文字载入选区。
- 为文字图形赋予"晶格化"特效，再制作出带有白色边格的彩色文字特效。
- 为文字图形增添"枕状浮雕"样式。

制作流程

(1) 选择菜单"文件"→"新建"命令，打开如图 5-27 所示的"新建"对话框，设置后单击"确定"按钮。

(2) 在确定前景色为黑色、背景色为白色的前提下，选择菜单"滤镜"→"风格化"→"拼贴"命令，在弹出的对话框中设置参数，如图 5-28 所示，设置完毕后单击"确定"按钮，制作出连续方格的图案效果，如图 5-29 所示。

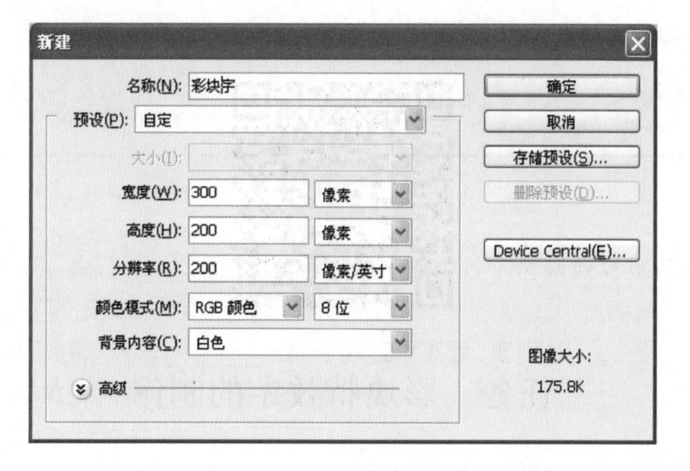

图 5-27 “新建”对话框

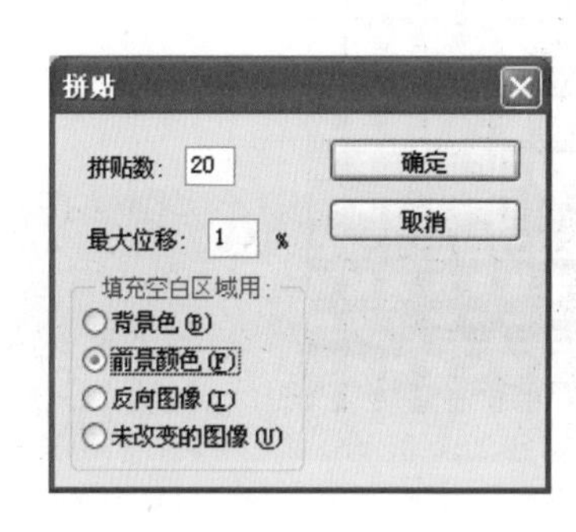

图 5-28 “拼贴”参数设置

图 5-29 连续方格的图案效果

(3) 选择菜单“滤镜”→“其他”→“最小值”命令，在弹出的对话框中设置参数，如图 5-30 所示，设置完成后单击“确定”按钮。

(4) 选择工具箱中的“魔棒工具”，在画布中单击黑色线条载入选区，效果如图 5-31 所示。

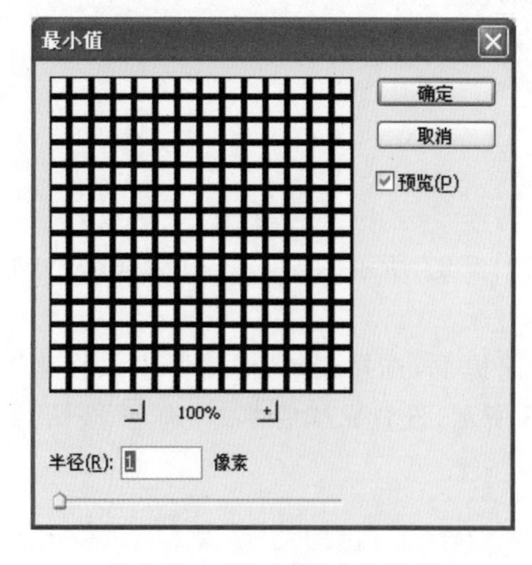

图 5-30 “最小值”参数设置

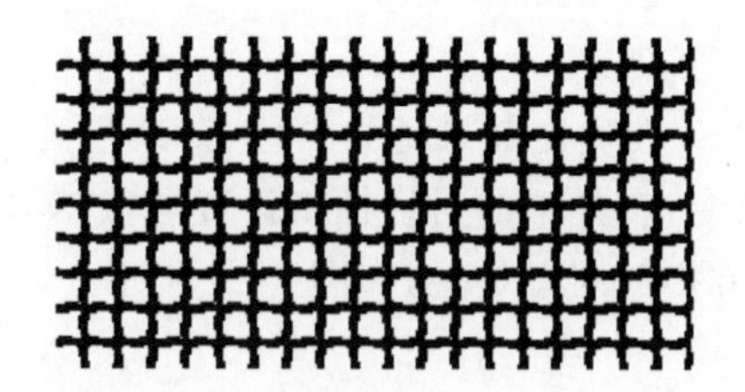

图 5-31 黑色线条载入选区

(5) 单击前景色,进入“拾色器(前景色)”对话框,设置颜色如图 5-32 所示。单击背景色,进入“拾色器(背景色)”对话框,设置颜色如图 5-33 所示。

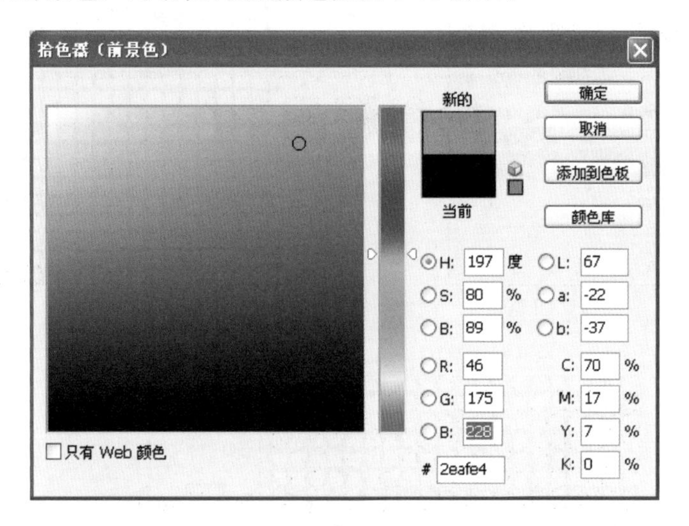

图 5-32　设置前景色

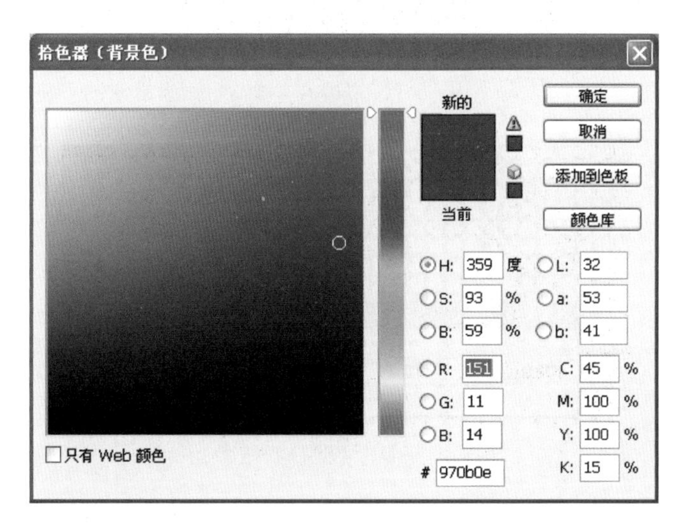

图 5-33　设置背景色

(6) 在“图层”面板中单击“创建新图层”按钮,新建一个图层,如图 5-34 所示。选择工具箱中的“渐变工具”,在选项栏中设置“前景色到背景色渐变”,设置完毕后自上而下拖出渐变。选择菜单“选择”→“取消选择”命令,取消当前浮动的选区,效果如图 5-35 所示。

(7) 在“图层”面板中,确定当前编辑图层为“背景”图层,选择工具箱中的“魔棒工具”,在选项栏中取消选中“连续”以及“对所有图层取样”复选框,并单击画布中的白色区域,效果如图 5-36 所示。

(8) 新建一个“图层 2”,选择菜单“选择”→“修改”→“收缩”命令,在弹出的对话框中,设置“收缩量”为 1 像素,设置完毕后单击“确定”按钮,如图 5-37 所示。

(9) 选择菜单“编辑”→“填充”命令,在弹出的对话框中,设置“使用”为“前景色”,单击“确定”按钮,效果如图 5-38 所示。

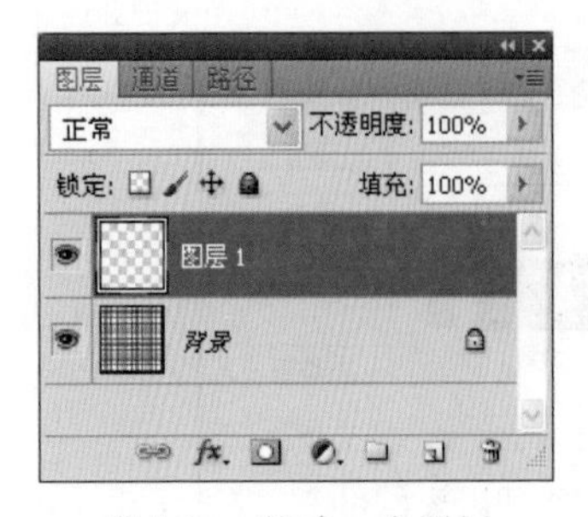

图 5-34 新建一个图层

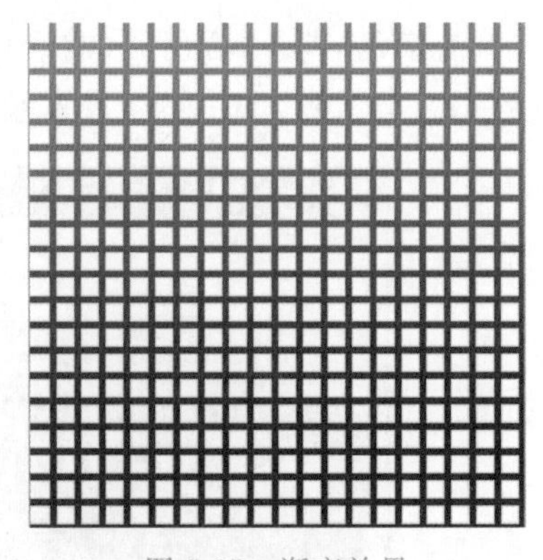

图 5-35 渐变效果

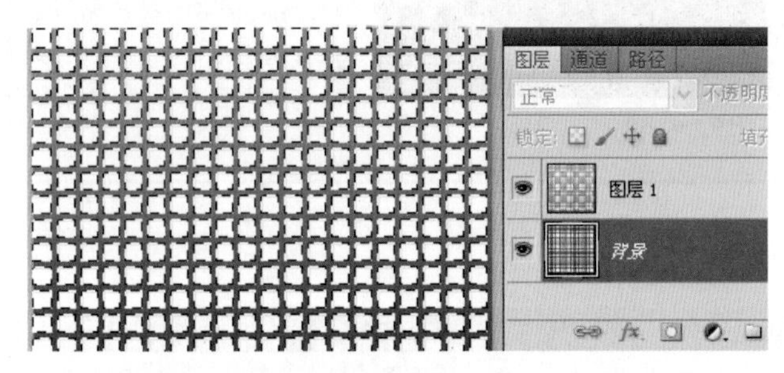

图 5-36 选取白色区域

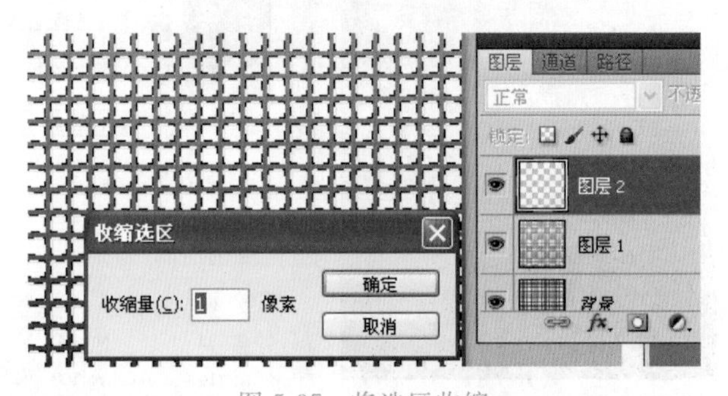

图 5-37 将选区收缩

（10）再次选择菜单“选择”→“修改”→“收缩”命令，在弹出的对话框中，设置“收缩量”为 1 像素，设置完毕后单击“确定”按钮，如图 5-39 所示。

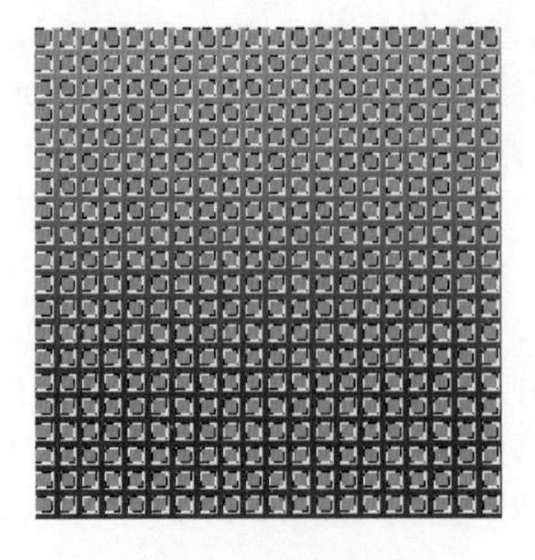

图 5-38 填充前景色

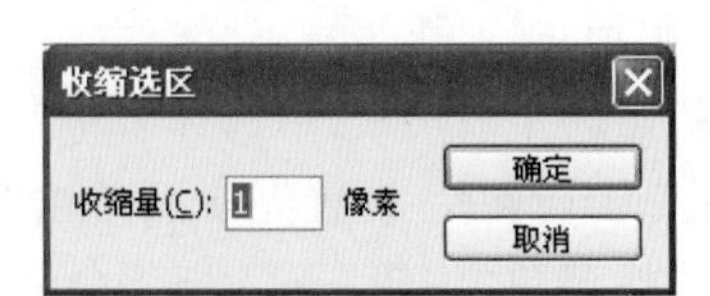

图 5-39 收缩选区

(11) 选择菜单"编辑"→"填充"命令，在弹出的对话框中，设置"使用"为"白色"，单击"确定"按钮，效果如图 5-40 所示。

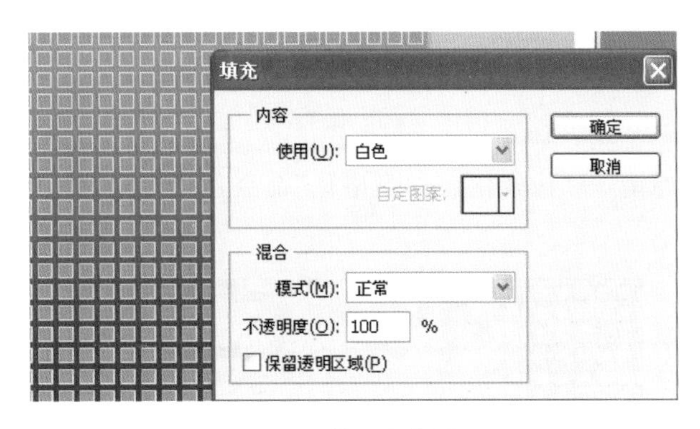

图 5-40　使用白色填充

(12) 取消当前浮动的选区，选择工具箱中的"移动工具"，向左上方移动白色图形，效果如图 5-41 所示。

(13) 选择工具箱中的"横排文字工具"，在"字符"面板中设置字体与文字大小，设置完毕后在画布上输入文字"彩色"，效果如图 5-42 所示。

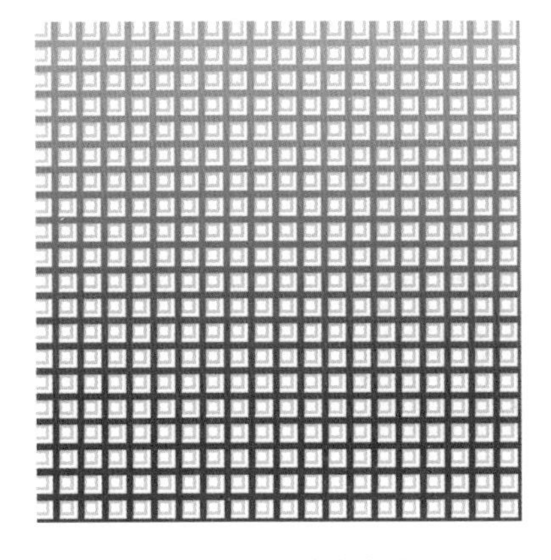

图 5-41　移动白色块

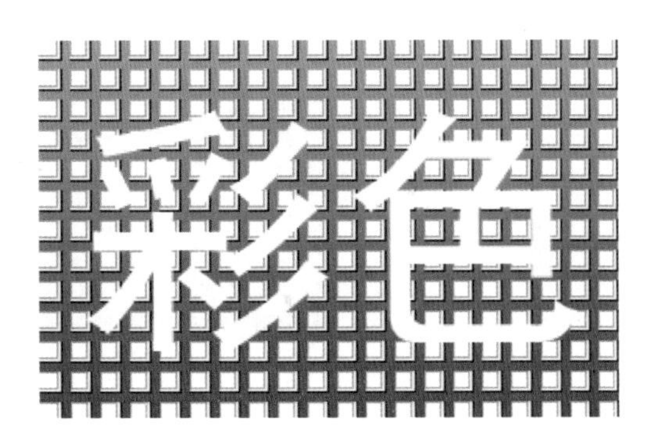

图 5-42　输入"彩色"文字

(14) 新建一个图层，按住 Ctrl 键，单击文字"彩色"图层，效果如图 5-43 所示，将文字载入选区。

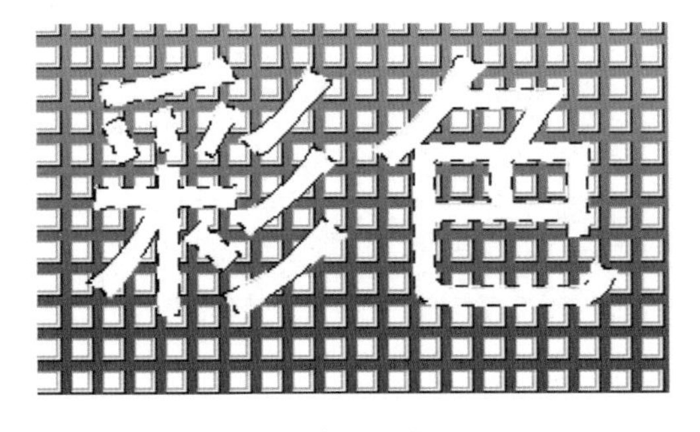

图 5-43　将文字载入选区

(15) 选择工具箱中的“渐变工具”,在选项栏中设置参数,如图 5-44 所示,使用“渐变工具”自上而下绘制渐变。

图 5-44 渐变工具

(16) 选择菜单“滤镜”→“像素化”→“晶格化”命令,在弹出的对话框中设置参数,效果如图 5-45 所示。

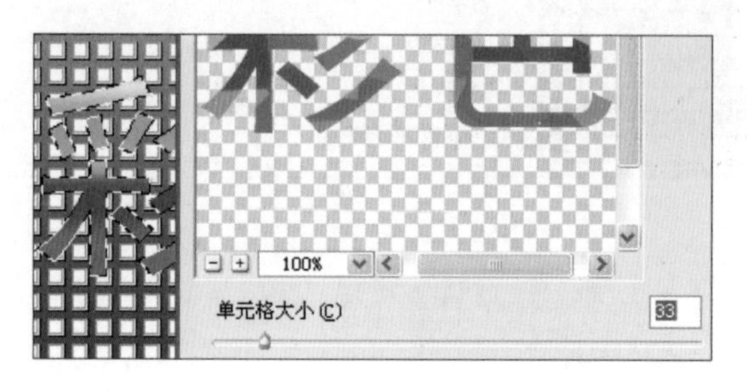

图 5-45 “晶格化”滤镜

(17) 在“图层”面板中,按住 Ctrl 键单击“图层 1”,如图 5-46 所示,将画布的边缝线条载入选区,再按住 Delete 键,执行删除选区内图形的命令。然后取消选区,制作出带有白色边格的彩色文字特效。

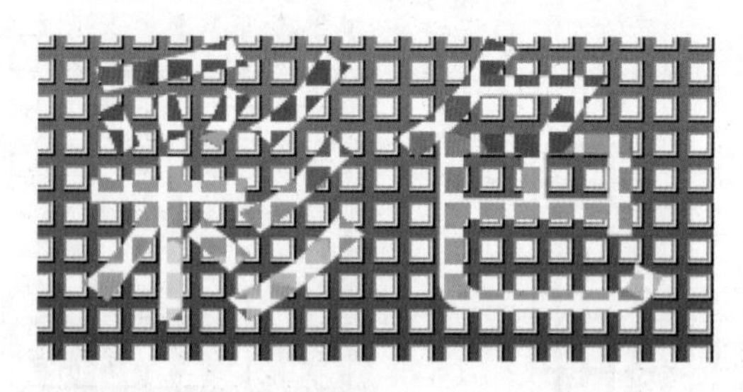

图 5-46 带有白色边格的彩色文字特效

(18) 在“图层”面板中单击“添加图层样式”按钮,在弹出的菜单中选择“斜面和浮雕”命令,再在弹出的对话框中设置参数,选择“枕状浮雕”样式,设置完毕后单击“确定”按钮,效果如图 5-47 所示。

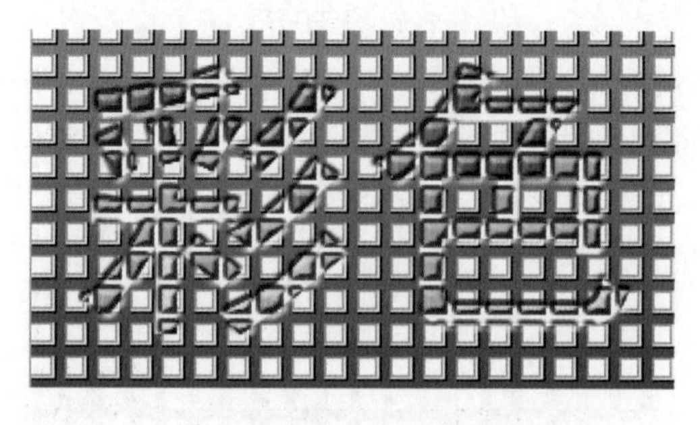

图 5-47 彩色特效字效果

演示步骤视频

任务　晶体特效字的制作

任务要求

利用文字工具、滤镜、“渐变工具”以及图像调整等，完成如图 5-48 所示晶体特效字效果。

图 5-48　晶体特效字

任务分析

- 使用文字工具，输入文字。
- 选择菜单“滤镜”→“模糊”→“动感模糊”命令，再选择菜单“滤镜”→“风格化”→“查找边缘”命令。
- 选择菜单“图像”→“调整”→“反相”命令，再选择菜单“图像”→“调整”→“色阶”命令。
- 使用“渐变工具”，图层模式“颜色加深”，完成线性渐变。

制作流程

(1) 新建一个 800 像素×600 像素的白色背景文件，“颜色模式”为“RGB 模式”，“分辨率”为72 像素/英寸，使用文字工具输入文字“济南信息工程学校”，“字体”为“宋体”，“字号”为 86，“颜色”为“黑色”，调整到合适的位置，如图 5-49 所示。

(2) 按 Ctrl+E 组合键合并图层，将文字层与背景层合并为一层，然后选择菜单“滤镜”→“模糊”→“动感模糊”命令，设置“距离”为 15 像素，如图 5-50 所示。

(3) 选择菜单“滤镜”→“风格化”→“查找边缘”命令生成黑边，如图 5-51 所示。

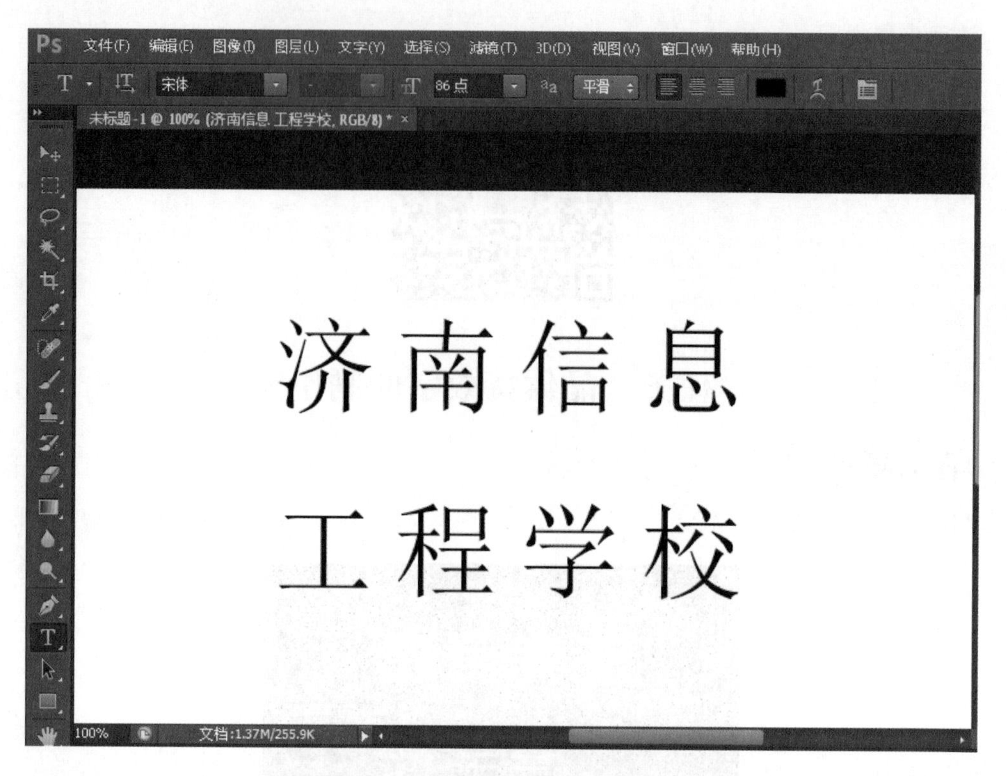

图 5-49　输入文字

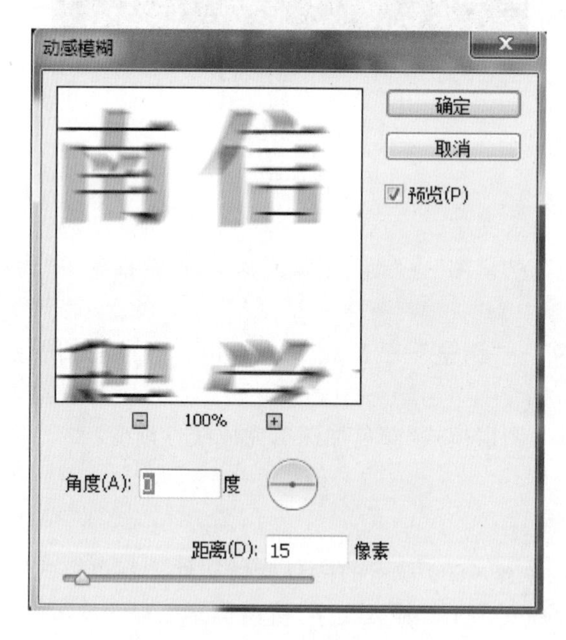

图 5-50　动感模糊

(4) 选择菜单"图像"→"调整"→"反相"命令，如图 5-52 所示，然后选择菜单"图像"→"调整"→"色阶"命令，设置如图 5-53 所示。

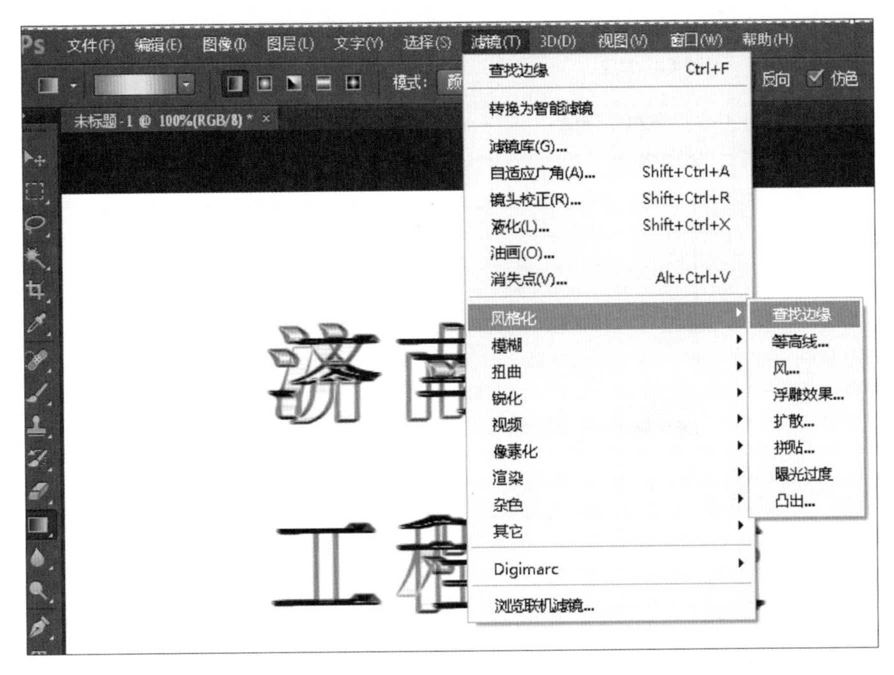

图 5-51 查找边缘

图 5-52 反相调整图像

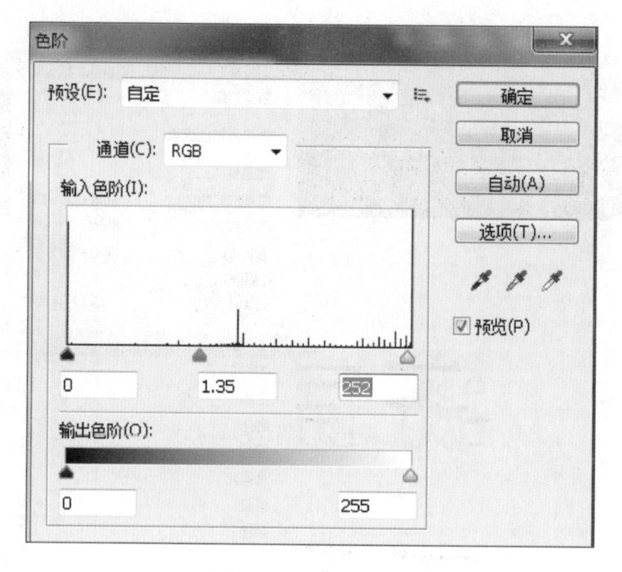

图 5-53 调整色阶

(5) 使用“渐变工具”,在“渐变编辑器”对话框中选择“橙、黄、橙渐变”方案,“模式”为“颜色加深”,使用线性渐变进行拖动,如图 5-54 所示,完成制作。

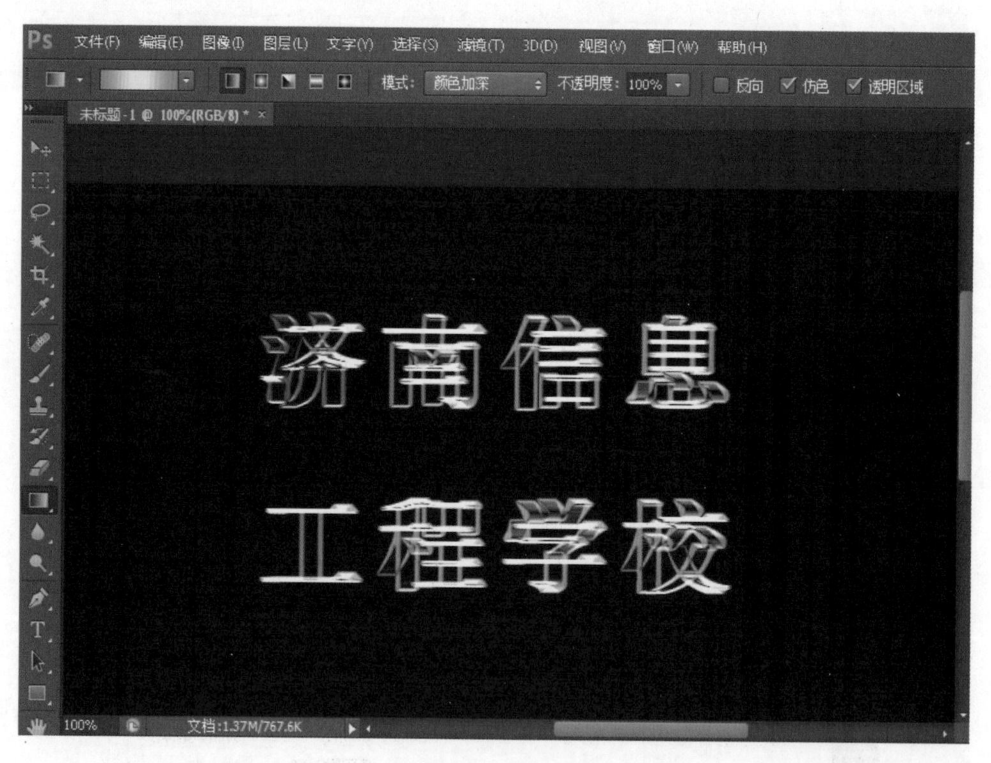

图 5-54 线性渐变填充

演示步骤视频

任务　沙滩特效字的制作

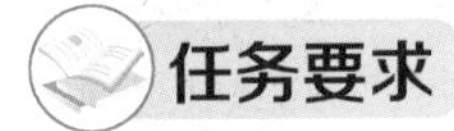

任务要求

利用文字工具、滤镜、通道等，完成如图 5-55 所示的沙滩文字效果。

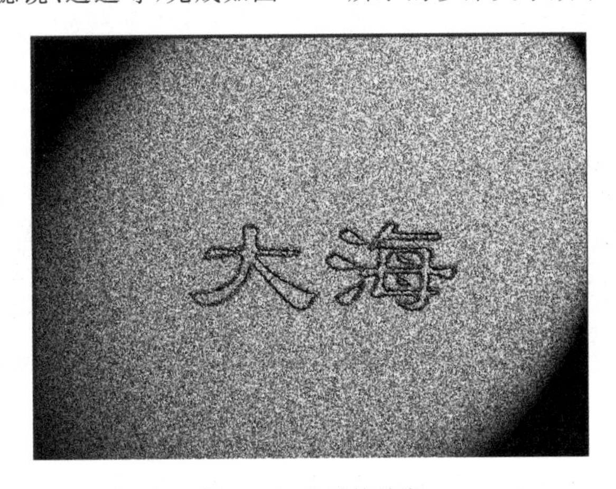

图 5-55　沙滩特效字

任务分析

- 使用文字工具，输入文字。
- 选择菜单“滤镜”→“杂色”→“添加杂色”命令。
- 新建通道，选择菜单“滤镜”→“风格化”→“扩散”命令。
- 最后选择菜单“滤镜”→“渲染”→“光照效果”命令。

制作流程

(1) 新建一个 800 像素×600 像素的白色背景文件，“颜色模式”为“RGB 模式”，“分辨率”为72 像素/英寸，设置前景色为黄色(# 82700c)，按 Alt+Delete 组合键进行前景色填充，如图 5-56 所示。

(2) 选择菜单“滤镜”→“杂色”→“添加杂色”命令，在打开的对话框中设置参数：“数量”为 50%、高斯分布、单色，如图 5-57 所示。

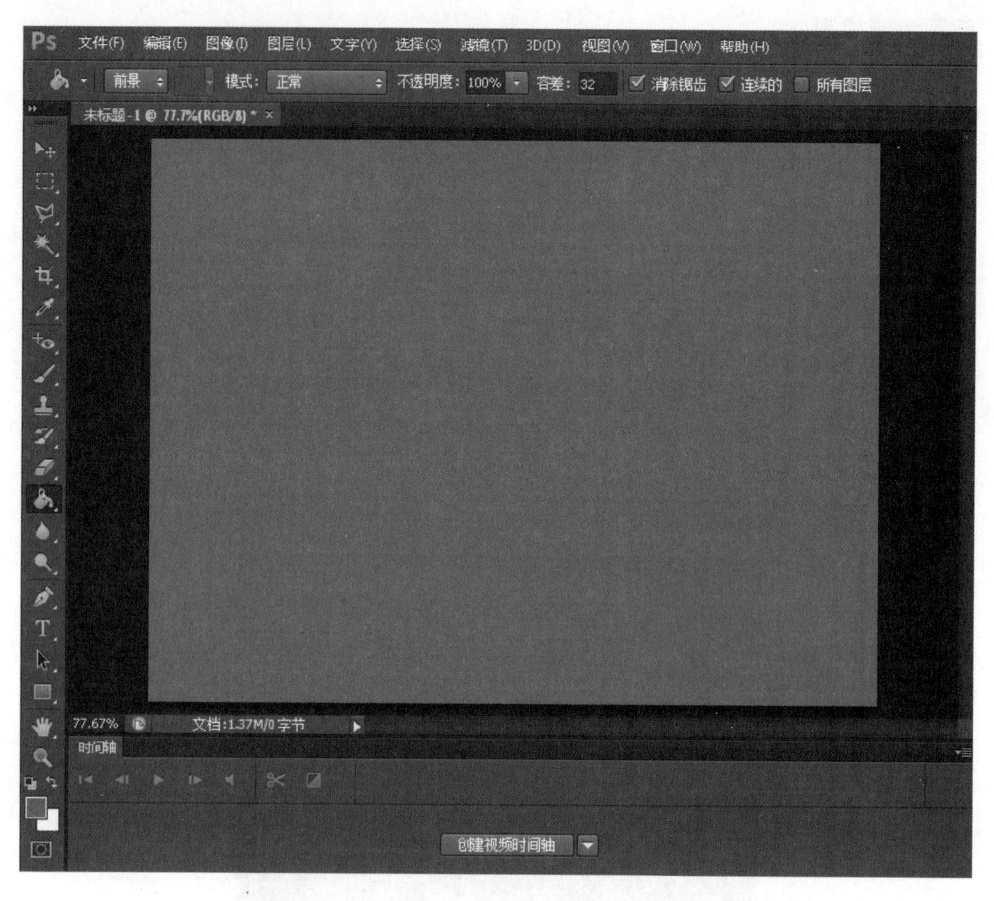

图 5-56　前景色填充

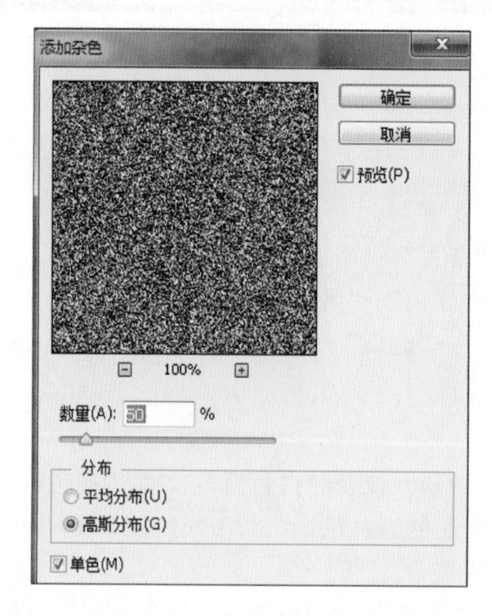

图 5-57　“添加杂色”滤镜

(3) 使用“横排文字工具”输入文字“大海”,“字体”为“隶书”,“字号”为200,“颜色”为“黑色”,使用“移动工具”移到合适的位置,如图5-58所示。

图5-58　输入文字

(4) 按Ctrl键单击文字层缩略图创建文字选区,在“通道”面板中单击“创建新通道”按钮创建一条新通道Alpha 1,如图5-59所示。

(5) 按Alt+Delete组合键进行前景色填充,将新通道内文字的选区填充为白色,按Ctrl+D组合键取消选区,选择菜单“滤镜”→“风格化”→“扩散”命令2次,如图5-60所示。

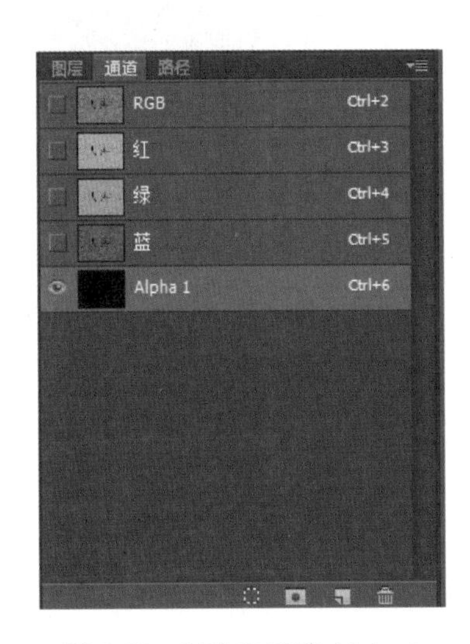

图5-59　创建新通道Alpha 1

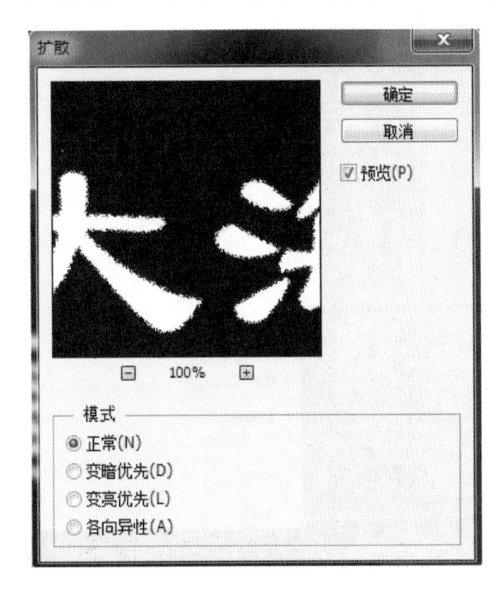

图5-60　“扩散”滤镜

（6）按 Ctrl 键单击 Alpha 1 缩略图创建选区，选择菜单“选择”→“修改”→“收缩”命令，收缩 2 个像素，如图 5-61 所示。

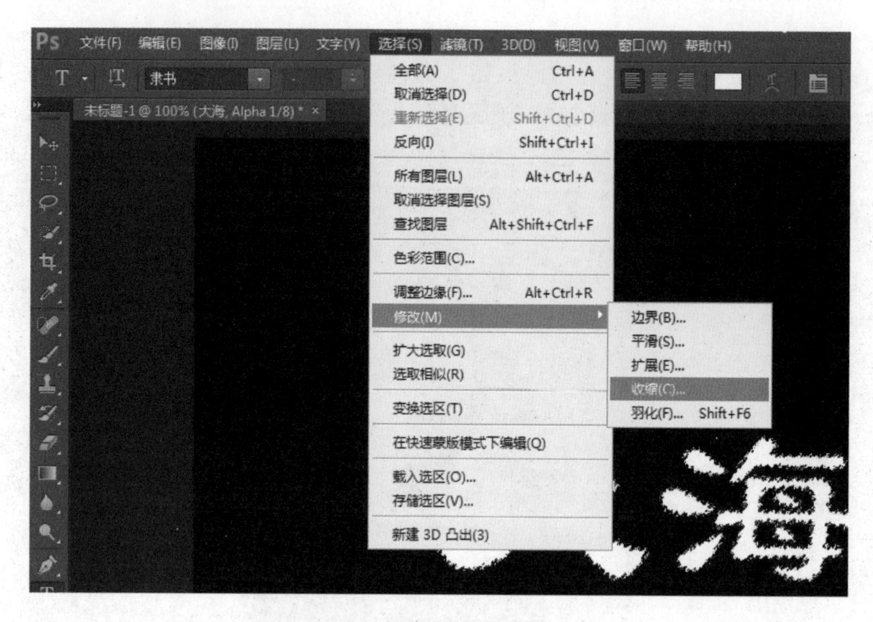

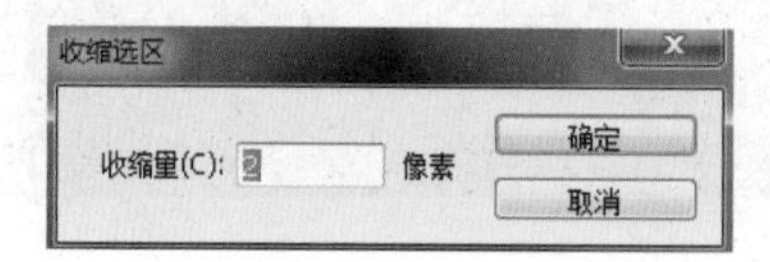

图 5-61　收缩选区

（7）选择菜单“图像”→“调整”→“反相”命令，将选区内的颜色反相为黑色，如图 5-62 所示，然后按 Ctrl+D 组合键取消选区。

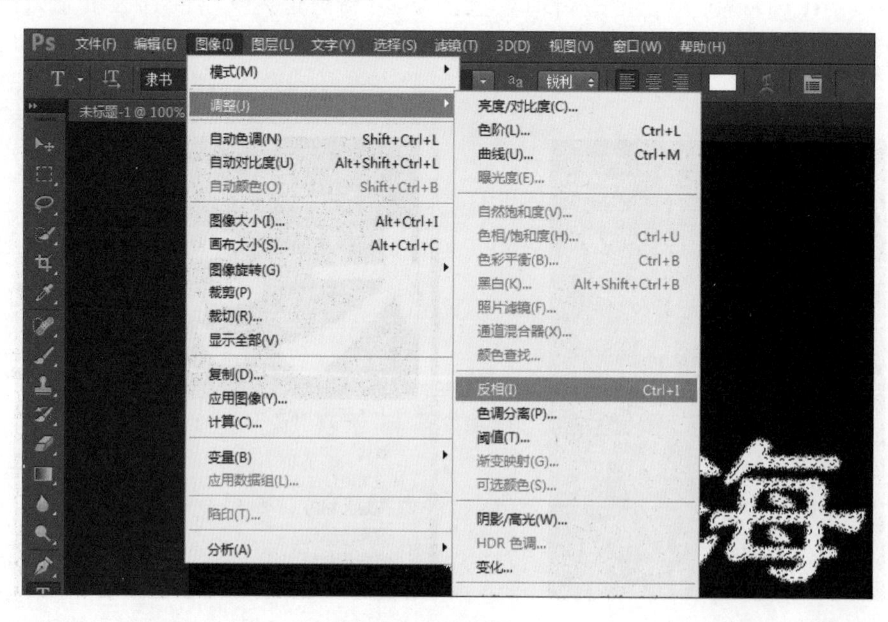

图 5-62　选择“反相”命令

(8) 回到“图层”面板删除文字层,选择菜单“滤镜”→“渲染”→“光照效果”命令,参数设置如图 5-63 所示,完成制作。

图 5-63 “光照效果”滤镜

演示步骤视频

5.4 文字的滤镜应用

通过风格化、画笔描边、模糊、扭曲、素描、纹理、像素化、渲染、艺术效果等滤镜功能,可以将平淡无奇的图像制作出神奇无比的艺术效果,使普通的文字变成具有质感的特效文字。

图 5-64 所示为 Photoshop CS6 中打开“滤镜”菜单所包含的滤镜组合。下面介绍本章中所用到的滤镜。

1. “模糊”滤镜组

“模糊”滤镜组的作用主要是减小图像相邻像素间的对比度,将颜色变化较大的区域平均化，以达到柔化图像和模糊图像的目的。

使用"模糊"滤镜组中的滤镜，通过平衡图像中已定义的线条和遮蔽区域边缘附近的像素，使图像变化变得柔和。

- 表面模糊：使图像表面产生模糊的效果。
- 动感模糊：使图像产生动态模糊的效果，类似于以固定的曝光时间给移动的物体拍照。
- 高斯模糊：可添加低频细节，产生一种朦胧的模糊效果。在该滤镜对话框中设置可调整的量，以快速模糊图像或指定的选区。
- 进一步模糊：使图像产生的模糊效果比"模糊"滤镜强3～4倍。

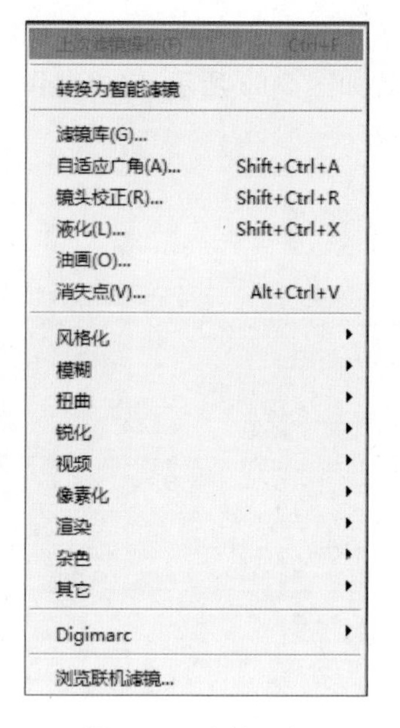

图 5-64 滤镜组合

2."扭曲"滤镜组

使用"扭曲"滤镜组中的滤镜可使图像产生几何扭曲，创建三维或其他整形效果。

- 波浪：该滤镜的工作方式与"波纹"滤镜类似，但该滤镜对话框中提供了更多选项，可进一步控制图像的变形效果。
- 波纹：可使图像产生如水池表面的波纹效果。
- 玻璃：使图像产生的效果像是透过不同类型的玻璃观看的效果。
- 海洋波纹：将随机分隔的波纹添加到图像表面，使图像产生如同映射在波动水面上的效果。
- 极坐标：根据在该滤镜对话框中设置的选项，将选区从平面坐标转换到极坐标，或将选区从极坐标转换到平面坐标，来创建圆柱变体，即把矩形形状的图像变换为圆筒形状，或把圆筒形状的图像变换为矩形形状。

3."风格化"滤镜组

"风格化"滤镜组中的滤镜可通过置换像素和增加图像的对比度，使图像产生绘画或印象派绘画的效果。

- 查找边缘：使用显著的转换标识图像的区域，并突出图像的边缘。
- 等高线：可获得与等高线图中的线条相类似的效果。
- 风：可模拟风的效果，在图像中创建细小的水平线条。
- 浮雕效果：可将选区的填充色转换为灰色，并用原填充色描绘图像的边缘，使选区显得凸起或凹陷。
- 扩散：在该滤镜对话框中选择一种扩散模式，滤镜将根据选中的模式选项搅乱图像选区中的像素，以使选区像素显得不十分聚集，而变得扩散。

4."艺术效果"滤镜组

使用"艺术效果"滤镜组可模仿自然或传统介质效果。

- 干画笔：可将图像的颜色范围降到普通颜色范围来简化图像，好像使用干画笔技术绘制的图像边缘一样，使图像颜色显得干枯。
- 海报边缘：在该滤镜对话框中设置选项，以减少图像中的颜色数量，并查找图像的边缘，在图像边缘上绘制黑色线条，使图像中大而宽的区域显现简单的阴影，而使细小的深色细节遍布整个图像。

- 海绵：将使用图像中颜色对比强烈、纹理较重的区域重新创建图像，使图像产生如同用海绵绘制而成的效果。
- 绘画涂抹：该滤镜对话框中提供了“简单”“未处理光照”“暗光”“宽锐化”“宽模糊”和“火花”多种画笔类型。可选择不同的画笔类型并设置滤镜选项，使图像产生不同的绘画效果。
- 胶片颗粒：可给原图像增加一些均匀的颗粒状斑点，并且还可以控制图像的明暗度。
- 木刻：可使高对比度的图像看起来呈剪影状，而使彩色图像看上去像由几层彩纸组成。

5. “渲染”滤镜组

“渲染”滤镜组使图像产生三维映射云彩图像、折射图像和模拟光线反射，还可以用灰度文件创建纹理进行填充。

- 3D 变换：将图像映射为立方体、球体和圆柱体，并且可以对其中的图像进行三维旋转，此滤镜不能应用于 CMYK 模式和 Lab 模式的图像。
- 分层云彩：使用随机生成的介于前景色与背景色之间的值来生成云彩图案，产生类似于负片的效果，此滤镜不能应用于 Lab 模式的图像。
- 光照效果：使图像呈现光照的效果，此滤镜不能应用于灰度、CMYK 模式和 Lab 模式的图像。
- 镜头光晕：模拟亮光照射到相机镜头所产生的光晕效果。通过单击图像缩览图来改变光晕中心的位置，此滤镜不能应用于灰度、CMYK 模式和 Lab 模式的图像。
- 云彩：使用介于前景色和背景色之间的随机值生成柔和的云彩效果，如果按住 Alt 键使用“云彩”滤镜，将会生成色彩相对分明的云彩效果。

思考与实训

一、填空题

1. 在 Photoshop 中文字工具包含________、________、________、________，其中在创建文字的同时创建一个新图层的是________。

2. Photoshop 中文字的属性可以分为________和________两个部分。

3. 当要对文字图层执行滤镜效果，那么首先应当做________。

4. 上次使用过的滤镜将被放在“滤镜”菜单的顶部，单击它或使用快捷键________可以再次应用。

5. 在 Photoshop 中，如果输入的文字需要分出段落，可以按键盘上的________键进行操作。

6. Photoshop 文字变形除了“变换”功能之外，还可以使用文字变形功能，主要有________、________、________等。

7. 在 Photoshop 中，使用________文字变形方式，可以使图 5-65 所示的文字，变形为图 5-66 所示的文字效果。

变形的文字

图 5-65　变形前的文字

图 5-66　变形后的文字

8. 在 Photoshop 中，“________”滤镜可以使图像中过于清晰或对比度过于强烈的区域产生模糊效果，也可用于制作柔和阴影。

9. 使用“云彩”滤镜时，按________键，可使边缘更硬、更明显。

10. 渲染/光照效果只对________图像起作用。

二、上机实训

1. 通过文字工具以及滤镜效果，制作沙滩特效字，效果如图 5-67 所示。

提示：主要使用文字工具，选择菜单“滤镜”→“杂色”→“添加杂色”命令，选择菜单“滤镜”→“渲染”→“光照效果”命令等来制作。

2. 通过文字工具以及滤镜效果，制作水晶特效字，效果如图 5-68 所示。

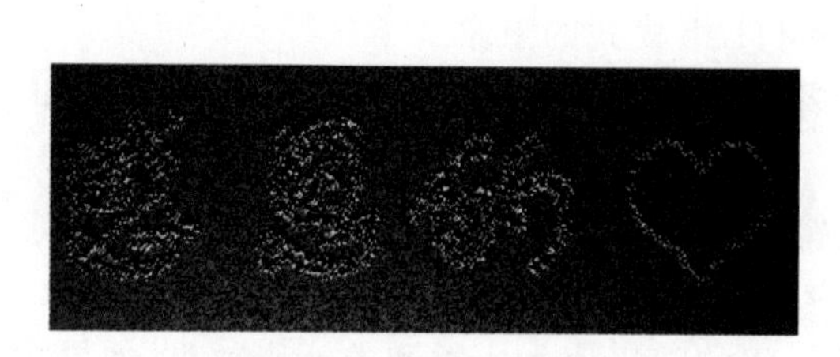

图 5-67　沙滩特效字

图 5-68　水晶特效字

提示：主要运用选区、图层混叠属性、通道处理、“模糊”滤镜、“光照”滤镜、曲线调整、图层样式等工具来制作。

VI 图形绘制

任务　绘制广告伞

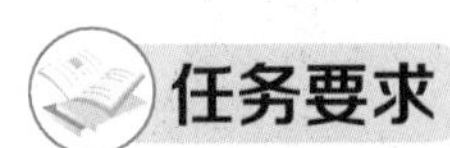

任务要求

利用“矩形工具”、钢笔组工具、“直接选择工具”，绘制完成如图 6-1 所示的学校文化伞标志。

图 6-1　学校文化伞效果

任务分析

- 利用“矩形工具”绘制一个正方形的形状。
- 利用钢笔组工具和“直接选择工具”修改并调整路径。
- 利用“变换”命令或快捷键，对图形进行复制旋转。

制作流程

(1) 新建“宽度”为 22 厘米，“高度”为 20 厘米，“分辨率”为 150 像素/英寸，“颜色模式”为“RGB 颜色”，“背景内容”为“白色”的文件。

(2) 按 Ctrl＋R 组合键打开标尺，然后在图像编辑窗口中拖动出两条参考线，单击“设置前景色”图标，在出现的“拾色器”对话框中，设置 RGB 的颜色分别为 0、146、63。

(3) 单击工具箱中的“矩形工具”，同时在其选项栏中，单击“形状图层”按钮。在图像编辑窗口中，按住 Shift＋Alt 组合键，拖动鼠标绘制一个正方形，如图 6-2 所示。

(4) 按 Ctrl＋T 组合键，对此路径进行自由变换，在其选项栏中设置旋转的“角度”为 67.5 度，然后移动此形状到如图 6-3 所示的位置。

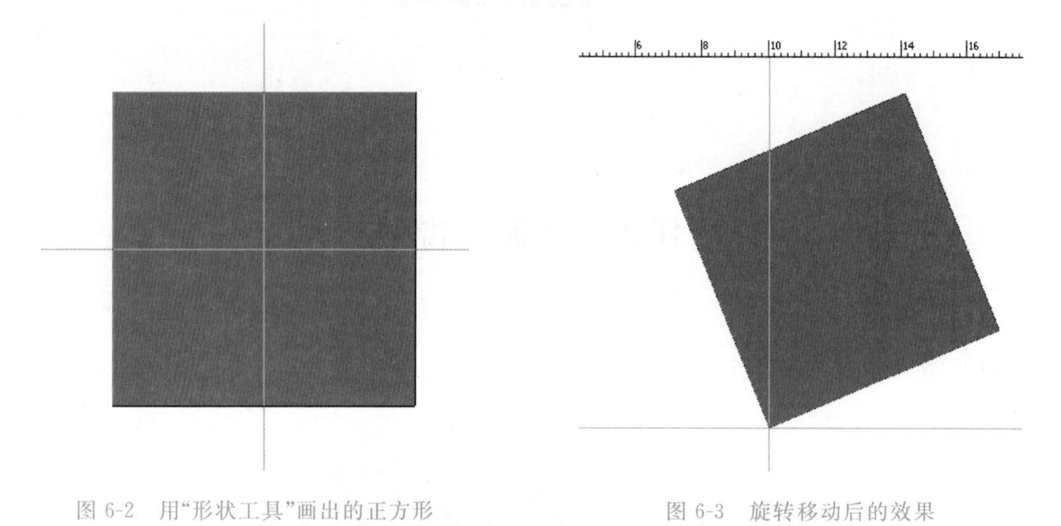

图 6-2　用“形状工具”画出的正方形

图 6-3　旋转移动后的效果

(5) 单击工具箱中的“直接选择工具”，将路径中的锚点全部选中，然后单击工具箱中的“删除锚点工具”，将右边的锚点删除，效果如图 6-4 所示。

(6) 再次选择“直接选择工具”，拖动右上方锚点，将此锚点沿着斜线回收，直到上面的线条变成水平为止，效果如图 6-5 所示。

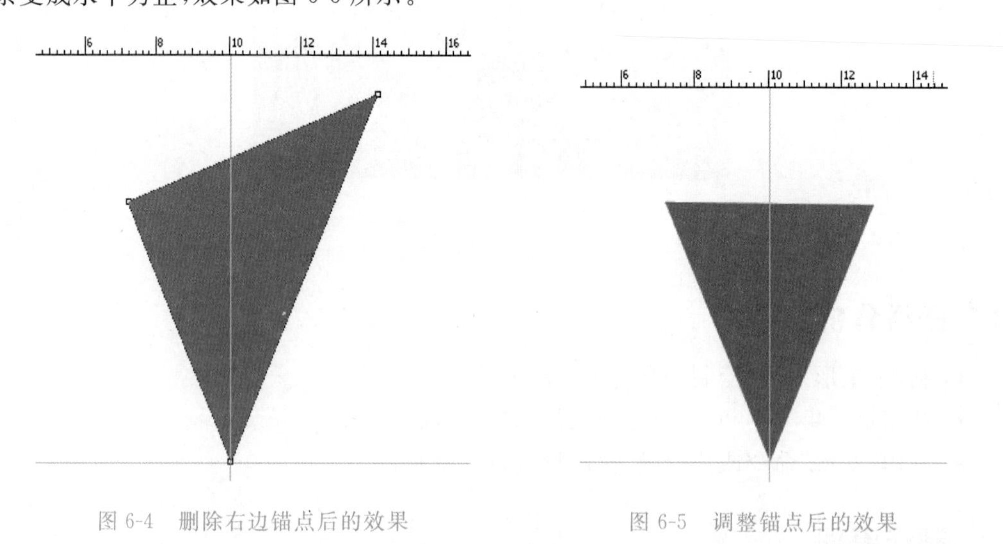

图 6-4　删除右边锚点后的效果

图 6-5　调整锚点后的效果

(7) 单击工具箱中的“添加锚点工具”，在水平线的中间添加一个锚点，然后单击“直接选择工具”将其锚点向下移动，使之变成曲线，效果如图 6-6 所示。

(8) 选中“形状 1”图层并右击，在弹出的下拉菜单中，选择“栅格化图层”命令，将“形状 1”

图层栅格化，复制“形状 1”得到“形状 1　副本”，将复制出的图形垂直翻转后放置到如图 6-7 所示的位置。

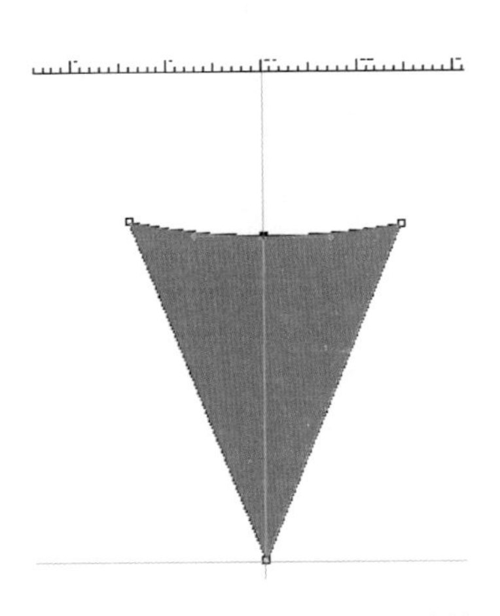

图 6-6　添加锚点并调整后的效果

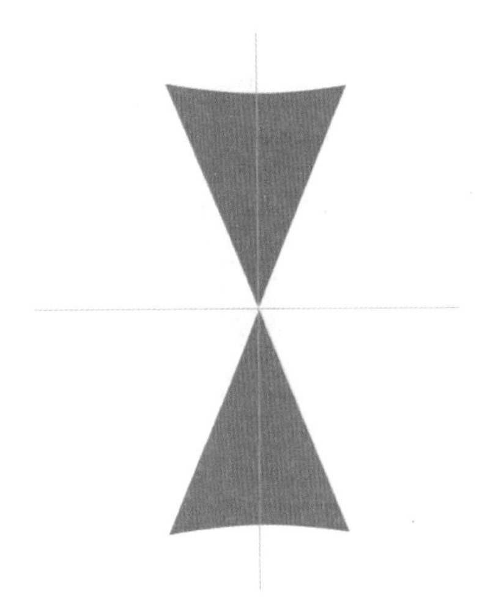

图 6-7　复制出的图形及放置的位置

(9) 设置前景色为灰色(R:160,G:160,B:160)，然后给“背景”图层填充上这个灰色。

(10) 选中“形状 1　副本”，在其图层上右击，在弹出的下拉菜单中选择“向下合并”命令，将“形状 1　副本”和“形状 1”合并为“图层 1”。

(11) 复制“图层 1”得到“图层 1　副本”，然后按住 Ctrl 键的同时单击“图层 1　副本”的缩览图，将图形载入选区，如图 6-8 所示。按 Ctrl+T 组合键进行自由变换，在其选项栏中设置旋转的“角度”为 45 度，按 Enter 键确认操作，如图 6-9 所示，并且为旋转后的图形填充白色。

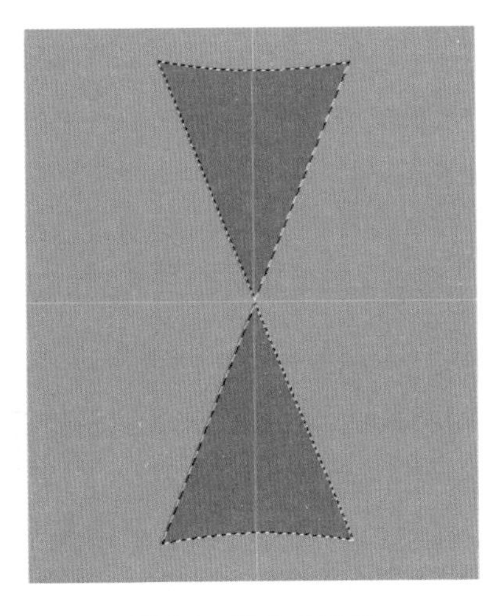

图 6-8　载入的选区

图 6-9　旋转后的图形状态

(12) 按住 Shift+Alt+Ctrl 组合键，然后再按 T 键旋转复制出下一个图形，并填充前面的绿色，如图 6-10 所示。

(13) 同理，再旋转复制得到如图 6-11 所示的效果，然后按 Ctrl+D 组合键将选区取消。

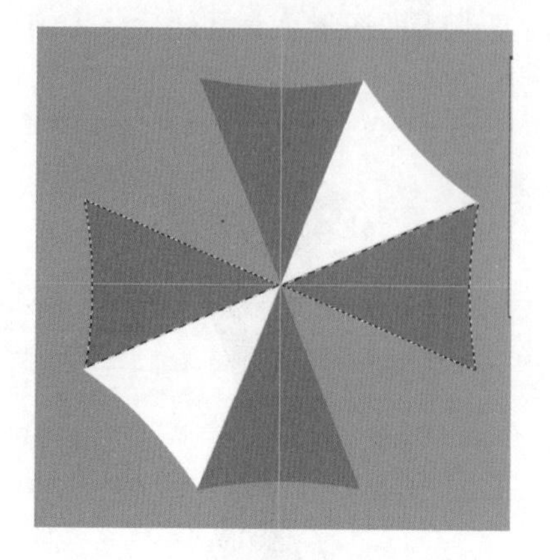

图 6-10　再次旋转后的图形

图 6-11　分别复制出的图形

(14) 将素材文件中的"学校标志. psd"放置到伞上面，通过复制标志图像并旋转角度，在文化伞的白色图形上面分别放置上一个标志，最终结果如图 6-1 所示。

(15) 至此，学校文化伞设计完成。按 Ctrl+S 组合键，将文件命名为"学校文化伞. psd"保存。

演示步骤视频

6.1 VI的基本概念

VI(Visual Identity)即为视觉识别系统，是 CIS 系统中最具传播力和感染力的部分。CIS 由三部分组成，即理念识别 MI、行为识别 BI 和视觉识别 VI。VI 是将 CIS 的非可视内容转化为静态的视觉识别符号，以无比丰富的、多样的应用形式，在最为广泛的层面上，进行最直接的传播。设计到位、实施科学的视觉识别系统，是传播企业经营理念、建立企业知名度、塑造企业形象的快速便捷之途。

在品牌营销的今天，没有 VI 对于一个现代企业来说，就意味着它的形象将淹没于商海之中，让人辨别不清；就意味着它是一个缺少灵魂的赚钱机器；就意味着它的产品与服务毫无个性，消费者对它毫无眷恋；就意味着团队的涣散和低落的士气。

VI 一般包括基础部分和应用部分两大内容。其中，基础部分一般包括企业的名称、标志、标识、标准字体、标准色、辅助图形、标准印刷字体、禁用规则等；而应用部分则一般包括标牌旗帜、办公用品、公关用品、环境设计、办公服装、专用车辆等。

6.2 优秀VI对企业的影响

一个优秀的 VI 设计对一个企业的影响在于以下方面。

(1) 在明显与其他企业区分开来的同时又确立该企业明显的行业特征或其他重要特

征，确保该企业在经济活动当中的独立性和不可替代性；明确该企业的市场定位，属于企业无形资产的一个重要组成部分。

（2）传达该企业的经营理念和企业文化，以形象的视觉形式宣传企业。

（3）以自己特有的视觉符号系统吸引公众的注意力并产生记忆，使消费者对该企业所提供的产品或服务产生最高的品牌忠诚度。

（4）提高该企业员工对企业的认同感，提高企业士气。

6.3 VI设计的基本原则

VI的设计不是机械的符号操作，而是以MI为内涵的生动表述。所以，VI设计应多角度、全方位地反映企业的经营理念。

（1）风格的统一性原则。

（2）强化视觉冲击的原则。

（3）强调人性化的原则。

（4）增强民族个性与尊重民族风俗的原则。

（5）可实施性原则。VI设计不是设计人员的异想天开而是要求具有较强的可实施性。如果在实施上过于麻烦，或因成本昂贵而影响实施，再优秀的VI也会由于难以落实而成为空中楼阁、纸上谈兵。

（6）符合审美规律的原则。

（7）严格管理的原则。

VI系统千头万绪，因此，在长期的实施过程中，要坚决杜绝各实施部门或人员的随意性，严格按照VI手册的规定执行，保证不走样。

6.4 VI设计的流程

VI的设计程序可大致分为以下6个阶段。

（1）准备阶段：成立VI设计小组，理解消化MI，确定贯穿VI的基本形式，搜集相关资讯，以便多方面比较。VI设计小组由各具所长的人士组成。人数不在于多，而在于精干，重实效。一般来说，应由企业的高层主要负责人担任。因为该人士比一般的管理人士和设计人员对企业自身情况的了解更为透彻，宏观把握能力更强。其他成员主要是各专门行业的人士，以美工人员为主体，以行销人员、市场调研人员为辅。如果条件允许，还邀请美学、心理学等学科的专业人士参与部分设计工作。

（2）设计开发阶段：VI设计阶段分基本要素设计和应用要素设计。VI设计小组成立后，首先要充分地理解、消化企业的经营理念，把MI的精神吃透，并寻找与VI的结合点。这一工作有赖于VI设计人员与企业间的充分沟通。在各项准备工作就绪之后，VI设计小组即可进入具体的设计阶段。

（3）反馈修正阶段。

（4）调研与修正反馈。

（5）修正并定型。在VI设计基本定型后，还要进行较大范围的调研，以便通过一定数量、不同层次的调研对象的信息反馈来检验VI设计的各细部。

（6）编制VI手册。

任务　绘制苹果标志

任务要求

利用钢笔组工具、路径的编辑工具"路径"面板，绘制完成如图 6-12 所示的苹果标志效果。

图 6-12　绘制苹果标志

任务分析

- 利用钢笔组工具绘制苹果路径。
- 利用"直接选择工具"和"转换点工具"调整路径，达到最佳的绘制效果。
- 借助工具箱中的"渐变工具"为绘制好的路径填充渐变。
- 为标志添加"描边"和"外发光"的图层样式。

制作流程

(1) 新建一个名为"苹果标志"的 RGB 模式图像文件，设置"宽度"和"高度"均为 400 像素，"分辨率"为 72 像素/英寸，"背景内容"为"白色"。

(2) 新建"图层 1"，单击工具箱中的"钢笔工具"，然后单击其选项栏中的"路径"按钮，在图像编辑窗口中单击，创建第 1 点、第 2 点、第 3 点，如图 6-13 所示。使用同样的方法依次创建其他的锚点，最后将光标置于起始点上，当光标下方出现一个小圆圈时单击鼠标，绘制一条闭合路径，效果如图 6-14 所示。

(3) 单击工具箱中的"直接选择工具"，单击路径将其激活，然后选择"转换点工具"，用鼠标向左侧拖动第 1 个锚点，得到如图 6-15 所示的控制柄，使用"直接选择工具"，可调整控制手柄的位置、曲线的曲率及锚点的位置。

(4) 使用同样的方法调整其他锚点及其控制手柄的位置，效果如图 6-16 所示。

(5) 用与步骤(2)和步骤(3)类似的方法绘制出苹果标志的叶子路径，得到完整的苹果路径，效果如图 6-17 所示。

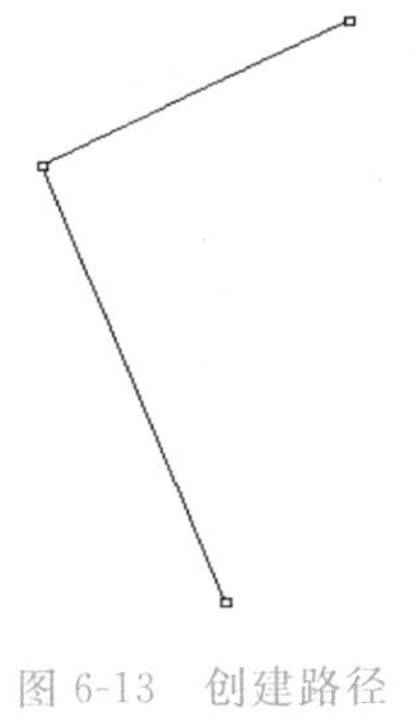

图 6-13　创建路径

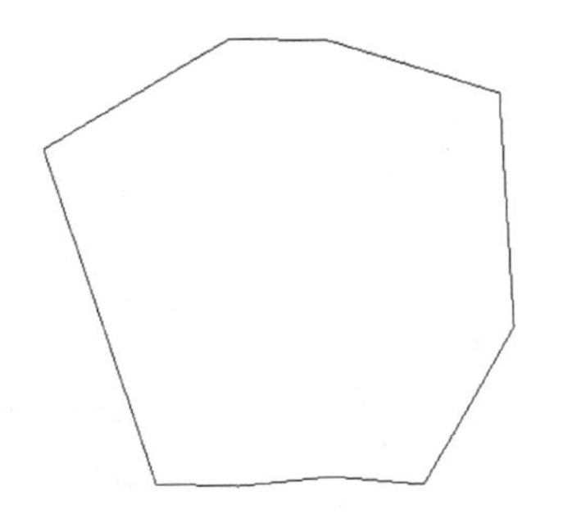

图 6-14　闭合路径

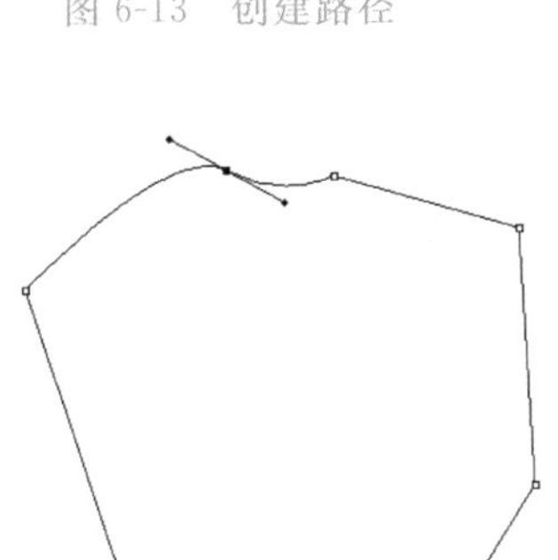

图 6-15　调整锚点

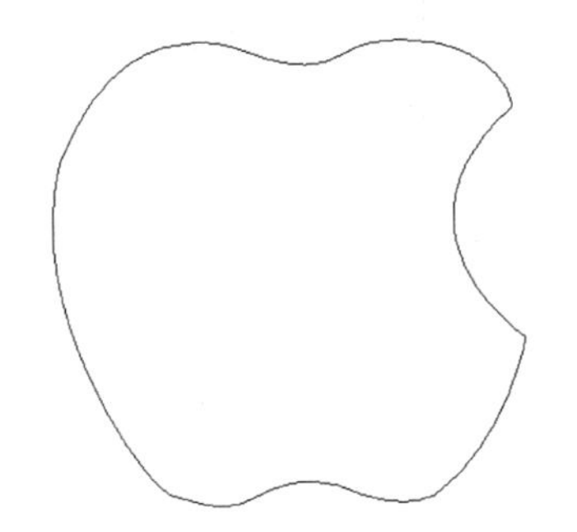

图 6-16　苹果路径

图 6-17　完整苹果路径

图 6-18　填充渐变色后的效果

(6) 将前景色设置为深蓝色(R:0,G:4,B:85),背景色设置为浅蓝色(R:0,G:94,B: 190)。单击工具箱中的“渐变工具”,在其工具选项栏中,单击“点按可编辑渐变”按钮,在弹出的“渐变编辑器”对话框的“预设”框中选择“前景色到背景色渐变”选项,然后单击“确定”按钮。

(7) 打开“路径”面板,单击面板下方的“将路径作为选区载入”按钮,将苹果路径转化为选区,然后选择“渐变工具”,在其选项栏中,选择“线性渐变”,从上至下为选区填充渐变,效果如图 6-18 所示。

(8) 单击“图层 1”,选择“图层”面板下方的“添加图层样式”按钮,为图形添加“描边”图层样式,其对话框的设置如图 6-19 所示。

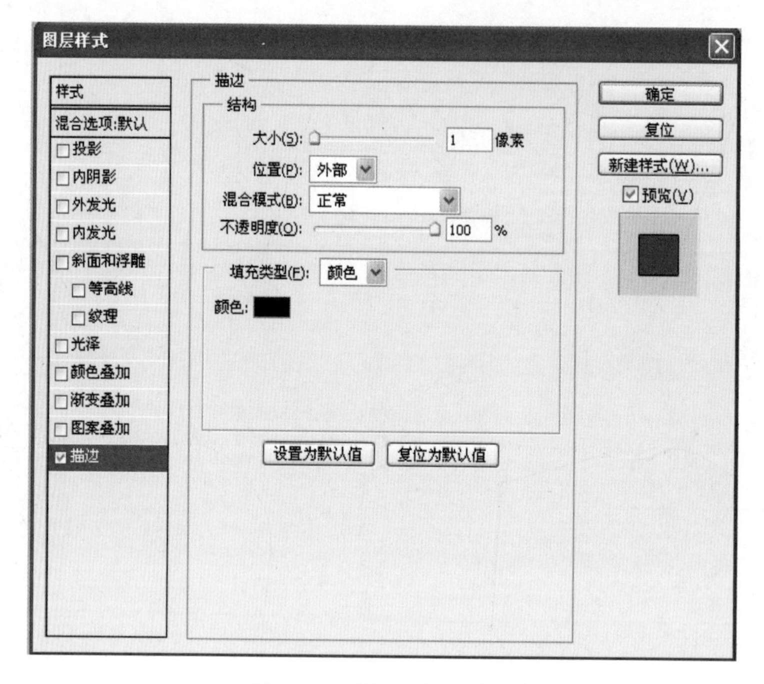

图 6-19 “描边”参数设置

(9) 继续为“图层 1”添加“外发光”效果,其“外发光”效果的设置如图 6-20 所示,最终得到如图 6-12 所示的效果。

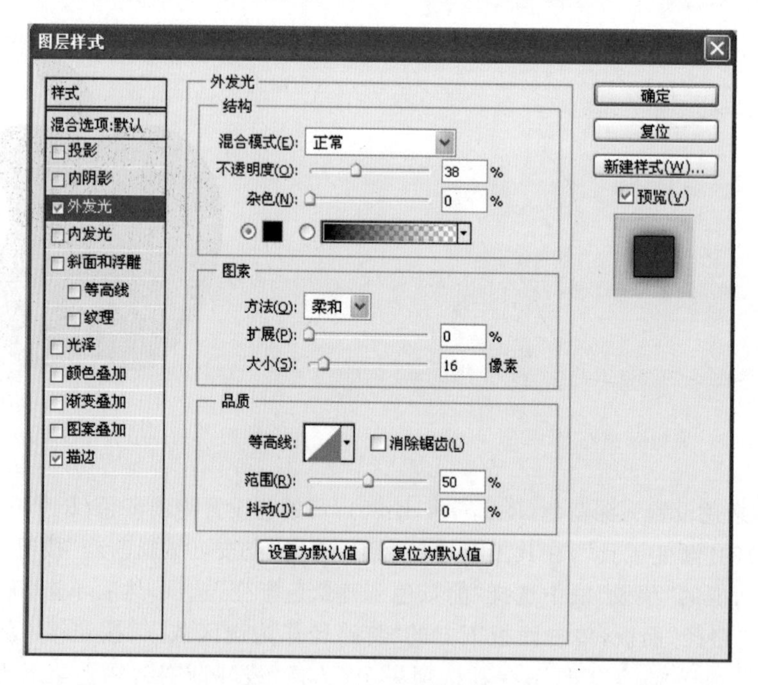

图 6-20 “外发光”参数设置

(10) 选择“图层”面板下拉菜单中的“拼合图像”命令,完成本任务的制作。

演示步骤视频

6.5　路径的创建和编辑

路径的工具主要包括绘制路径的工具和编辑调整路径的工具。绘制路径的工具主要有“钢笔工具”和“自由钢笔工具”。编辑调整路径的工具主要有“添加锚点工具”“删除锚点工具”“转换点工具”“路径选择工具”和“直接选择工具”。

1. 绘制路径的工具

1）钢笔工具

“钢笔工具”画出来的矢量图形称为路径，路径最大的特点就是容易编辑。路径是矢量的，路径允许是不封闭的开放状，如果把起点与终点重合绘制就可以得到封闭的路径。通过“钢笔工具”可以创建直线和平滑流畅的曲线，组合使用“钢笔工具”和“形状工具”可以创建复杂的形状。

“钢笔工具”的使用方法如下。

- 单击“钢笔工具”，将光标移动到图像编辑窗口中连续单击，可以创建由线段构成的路径，如图 6-21 所示。
- 曲线路径的绘制就是在起点处拖动鼠标，向上或向下拖动出一条方向线后松手，然后在第 2 个锚点拖动出一条向上或向下的方向线，如图 6-22 所示。
- 如果想绘制封闭路径，则把光标移动到起始点，当看到光标旁边出现一个小圆圈时单击，路径就封闭了，如图 6-23 所示。
- 如果在未闭合路径前按住 Ctrl 键，同时单击线段以外的任意位置，将创建不闭合的路径。借助于 Shift 键可以创建 45°角倍数的路径。

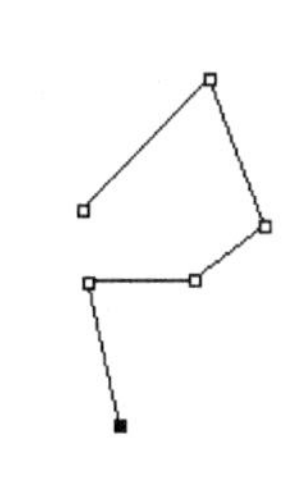

图 6-21　直线路径

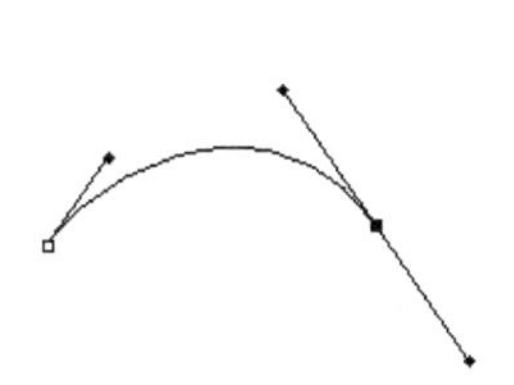

图 6-22　曲线路径

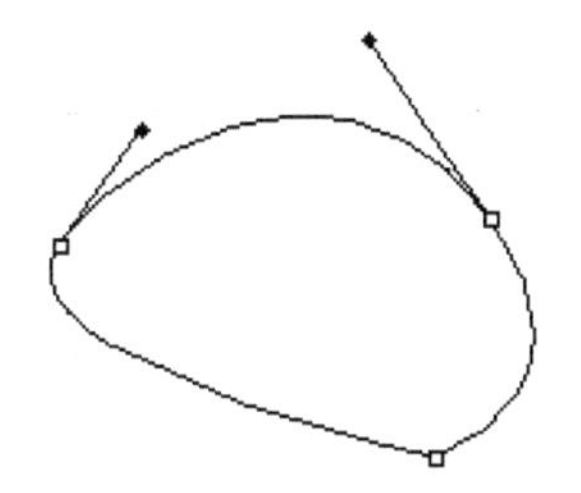

图 6-23　闭合路径

“钢笔工具”选项栏如图 6-24 和图 6-25 所示，在绘制一条路径或一个形状前，应在选项栏中指定建立一条新的工作路径或者建立一个新的形状图层，这个选择将影响编辑该形状的方式。

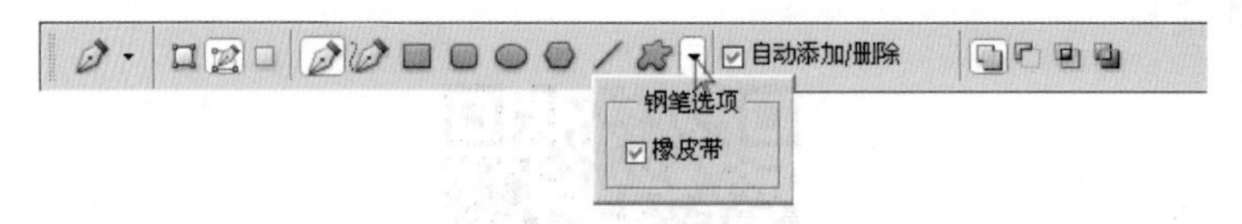

图 6-24　创建“路径”时的“钢笔工具”选项栏

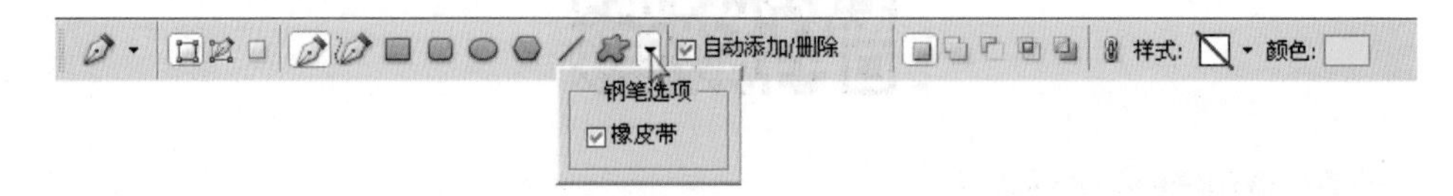

图 6-25　创建“形状图层”时的“钢笔工具”选项栏

(1) 创建“路径”时的“钢笔工具”选项栏如下。

- “路径”按钮：可以创建没有颜色填充的工作路径，并且“图层”面板中不会创建新的图层。
- “几何选项”按钮：可以弹出“钢笔选项”面板。选择其中的“橡皮带”选项，在移动光标创建路径时，图像中会显示光标移动的轨迹。
- “自动添加/删除”选项：选择该选项，可以直接利用“钢笔工具”在创建的路径上单击鼠标添加或删除锚点。

(2) 创建“形状图层”时的“钢笔工具”选项栏如下。

- “形状图层”按钮：可以创建具有颜色填充的形状，此时“图层”面板中会自动生成新的“形状图层”，在此“形状图层”中包含形状的颜色以及形状轮廓的矢量蒙版。形状轮廓是路径，它会以“形状矢量蒙版”的形式出现在“路径”面板中，如图 6-26 和图 6-27 所示。

图 6-26　“图层”面板

图 6-27　“路径”面板

- “图层样式”选项：单击该按钮，可以打开“图层样式选项”对话框。
- “颜色”选项：可以利用打开的“拾色器”对话框为创建的图像填充颜色。

2) 自由钢笔工具

使用“自由钢笔工具”绘制路径时，系统会根据光标的轨迹自动生成锚点和路径。“自由钢笔工具”选项栏如图 6-28 所示。“磁性的”是“自由钢笔工具”选项，可以根据图像中的边缘像素建立路径。可以定义对齐方式的范围和灵敏度，以及所绘路径的复杂程度。“磁性钢笔工具”和“磁性套索工具”有着相同的操作原理。

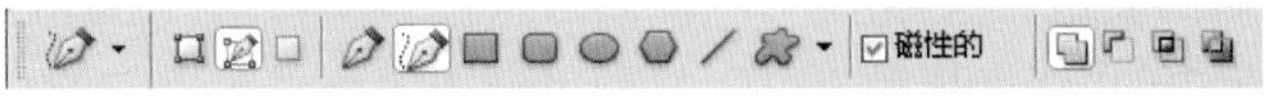

图 6-28　“自由钢笔工具”选项栏

2. 编辑调整路径的工具

在实际操作中，往往很难一下绘制出完全符合要求的路径形状，这就需要通过调整路径中的线段、锚点和方向线对其进行更加精确的调整，这也是路径编辑不可缺少的部分。

1）添加锚点工具和删除锚点工具

在“钢笔工具”选项栏中不选择“自动添加/删除”选项时，单击工具箱中的“添加锚点工具”，可以在路径上添加锚点；单击工具箱中的“删除锚点工具”，可以删除路径上不需要的锚点。

2）转换点工具

锚点可以分为平滑点和角点两种，如图 6-29 所示。“转换点工具”可以实现平滑点与角点间的相互转换。

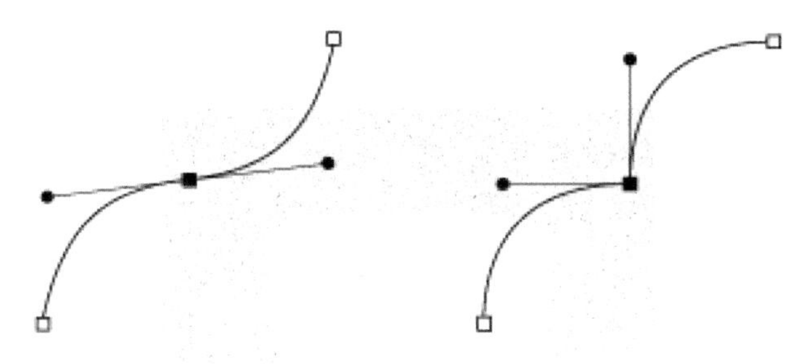

图 6-29　路径上的平滑点和角点

（1）角点转换为平滑点。在角点上拖动鼠标，可以将角点转换为平滑点。

（2）平滑点转换为角点。直接单击平滑点，可以将平滑点转换为没有方向线的角点。

拖动平滑点的方向线，可以将平滑点转换为具有两条相互独立的方向线的角点。

按住 Alt 键的同时单击平滑点，可以将平滑点转换为只有一条方向线的角点。

3）路径选择工具

“路径选择工具”可以用来选择一条或多条路径，然后对其进行移动操作。当按住 Alt 键的同时再使用“选择工具”拖放一条路径时将会复制这条路径。还可以通过该工具的选项栏（图 6-30）把一个路径层上的多条路径对齐或者组合。

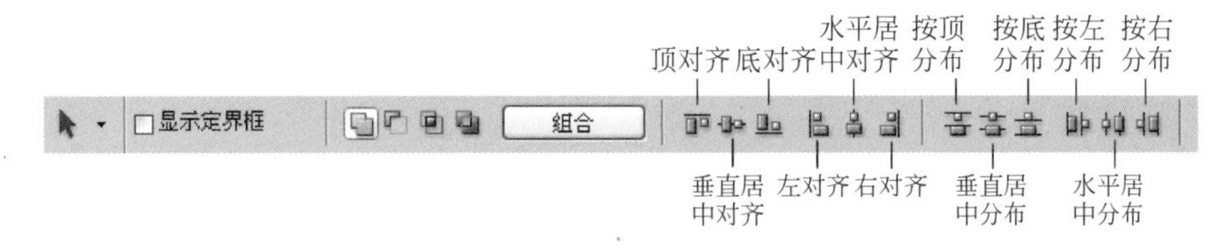

图 6-30　“路径选择工具”选项栏

4）直接选择工具

“直接选择工具”用来选取或修改一条路径上的线段，或者选择一个锚点并改变它的位置。此工具是绘制完路径之后用来修正和重新调整路径的基本工具。

“直接选择工具”的使用方法如下。

(1) 单击工具箱中的“直接选择工具”,然后单击图像编辑窗口中的路径,路径中的锚点将全部显示为白色的小方块,单击白色的锚点,可以将其选中,选中的锚点显示为黑色。拖动选中的锚点,可以修改路径的形态。拖动两个锚点间的线段,也可以调整路径的形态。

(2) 拖动平滑点两侧的方向点,可以改变其两侧曲线的形态;按住 Alt 键的同时拖动鼠标,可以同时调整平滑点两侧的方向点;按住 Ctrl 键的同时拖动鼠标,可以改变平滑点一侧的方向;按住 Shift 键的同时拖动鼠标,可以使平滑点一侧的方向线按 45°角的整数倍进行调整。

(3) 按住 Delete 键,可以删除选中的锚点及其相连的路径。

任务　设计纸杯

任务要求

利用“路径”面板的功能,借助“椭圆选区工具”和“矩形工具”,设计一个如图 6-31 所示的纸杯。

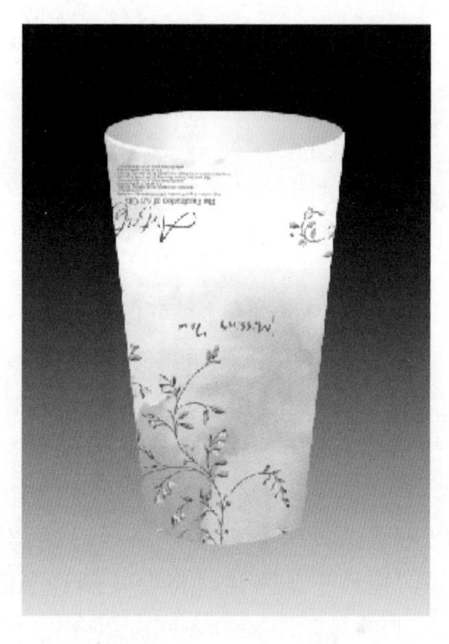

图 6-31　设计的纸杯

任务分析

- 利用“矩形工具”画形状,并且用“路径工具”调整路径。
- 熟悉“路径”面板中各按钮的作用。
- 利用“变换”命令或快捷键,对图形进行变换。
- 利用选区工具,完成不同选区的制作。

制作流程

(1) 新建"宽度"为 12 厘米,"高度"为 17 厘米,"分辨率"为 150 像素/英寸,"颜色模式"为"RGB 颜色","背景内容"为"白色"的文件。

(2) 利用"渐变工具"为背景自上而下填充由黑色到白色的线性渐变,然后利用"矩形工具"绘制出如图 6-32 所示的矩形路径。

(3) 按 Ctrl+T 组合键对路径进行自由变换,在路径上右击,在弹出的快捷菜单中选择"透视"命令,再将光标移动到右下角的控制点上向左拖动鼠标,对图形进行透视调整,调整完成后按 Enter 键确认,效果如图 6-33 所示。

图 6-32　绘制的矩形路径

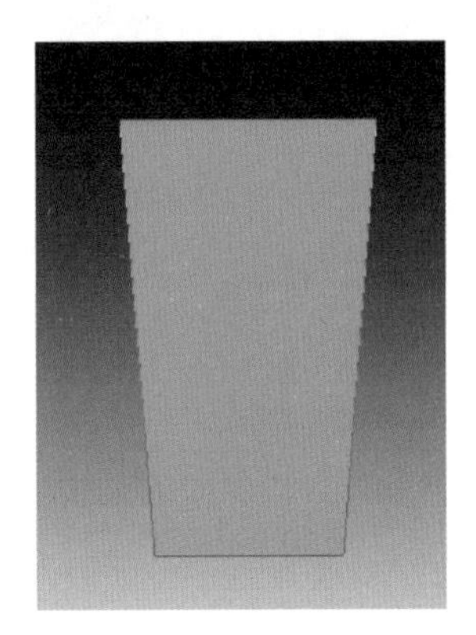

图 6-33　透视后的效果

(4) 单击工具箱中的"直接选择工具",选中该路径,然后单击"转换点工具",将路径调整至如图 6-34 所示的效果。

(5) 打开"路径"面板,单击面板下方的"将路径作为选区载入"按钮 ,将路径转换为选区。

(6) 新建"图层 1",单击"渐变工具",在"渐变编辑器"对话框中设置三个色标的颜色分别为R:78,G:162,B:89; R:168,G:214,B:166; R:162,G:232,B:171。"位置"分别为100%、50%、100%,然后为选区填充线性渐变,效果如图 6-35 所示。

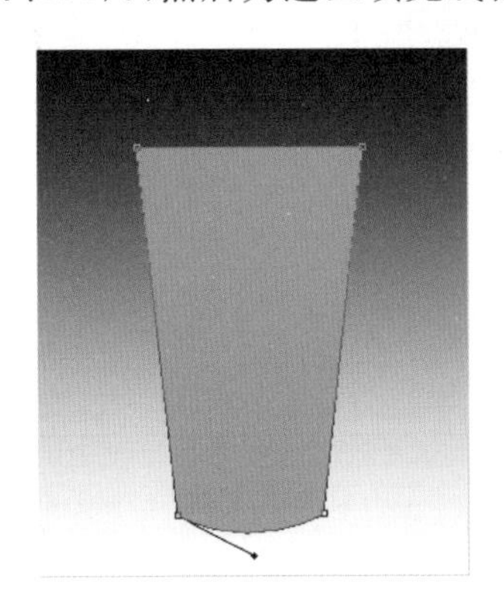

图 6-34　调整后的路径形态

图 6-35　填充线性渐变后的效果

(7) 新建"图层 2",利用"椭圆选框工具",绘制如图 6-36 所示的椭圆选区,然后为其填充白色。

(8) 将"图层 2"复制为"图层 2 副本",单击"渐变工具",在"渐变编辑器"对话框中设置三个色标的颜色分别为 R: 220,G: 224,B: 220; R: 255,G: 255,B: 255; R: 220,G: 224,B: 220,"位置"分别为 100%、65%、100%。按住 Ctrl 键的同时单击"图层 2 副本"的缩览图,将图形载入选区,然后为选区填充自左向右的线性渐变,效果如图 6-37 所示。

图 6-36 绘制的椭圆选区

图 6-37 为选区填充渐变后的效果

(9) 将填充渐变后的图形稍微向上移动,制作出如图 6-38 所示的杯口效果。

(10) 打开"素材. psd"文件,然后将其移动复制到新建的文件中,调整大小后放置到如图 6-39 所示的位置。

图 6-38 制作的杯口效果

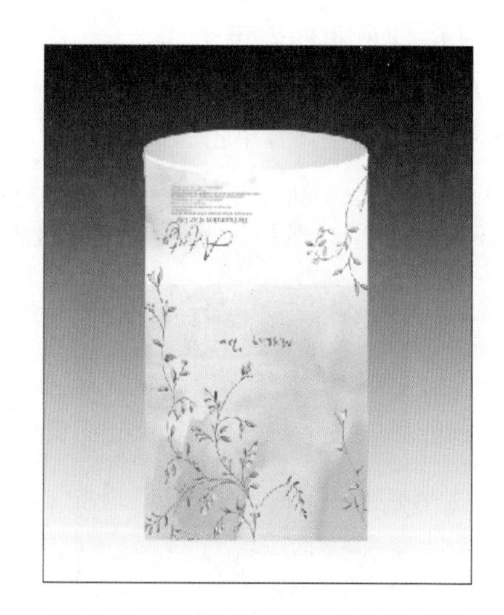

图 6-39 图像调整后的大小及位置

(11) 加载"图层 1"的选区,然后按 Shift+Ctrl+I 组合键将选区反选,再按 Delete 键将选区内的图像删除,即可得到图 6-31 所示的效果。

(12) 至此,纸杯设计完成,按 Ctrl+S 组合键将此文件命名为"纸杯. psd"并保存。

演示步骤视频

6.6 "路径"面板

当用"钢笔工具"并使用路径绘图方式绘制路径后，在图层上并没有产生任何东西和变化，那么路径存储在哪里呢？在 Photoshop 中有"路径"面板可以对路径进行转换、编辑、存储等操作。选择菜单"窗口"→"路径"命令，即可弹出如图 6-40 所示的"路径"面板。如要选择路径，则单击"路径"面板中相应的路径名；如要取消选择路径，则单击"路径"面板中的灰色空白区域或按 Esc 键。

图 6-40 "路径"面板

路径与选区之间的相互转换在 Photoshop 中是一个相当重要的内容。在选区不精确时，可以先将选区转换为路径，因为对路径的编辑要比编辑选区容易一些，然后再将处理之后的路径转换为选区。

1. 将路径转换为选区

(1) 在"路径"面板中单击"将路径作为选区载入"按钮，可将路径转换为选区。

(2) 按住 Ctrl 键的同时单击"路径"面板中的路径，可将路径转换为选区。

(3) 单击"路径"面板右上方的下三角按钮，在弹出的下拉菜单中选择"建立选区"命令，如图 6-41 所示，即可将路径转换为选区。在这里可以通过弹出的"建立选区"对话框进行参数设置，如图 6-42 所示。

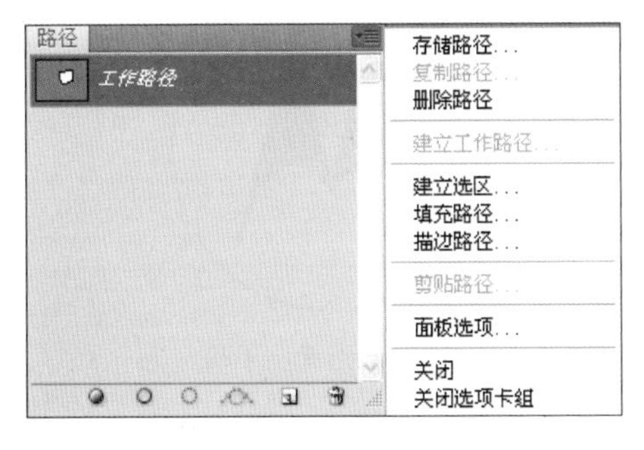

图 6-41 "路径"面板下拉菜单

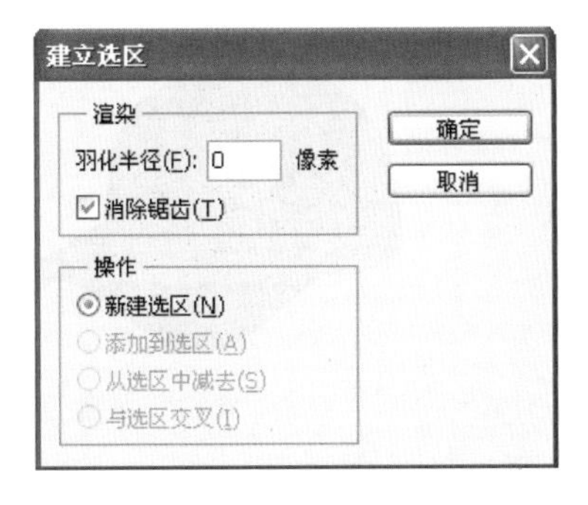

图 6-42 "建立选区"对话框

2. 将选区转换为路径

(1) 在“路径”面板中单击“从选区生成工作路径”按钮,可将选区转换为路径。

(2) 单击“路径”面板右上方的下三角按钮,在弹出的下拉菜单中选择“建立工作路径”命令,即可将选区转换为路径。在这里可以通过弹出的对话框进行“容差”的设置,如图 6-43 所示。

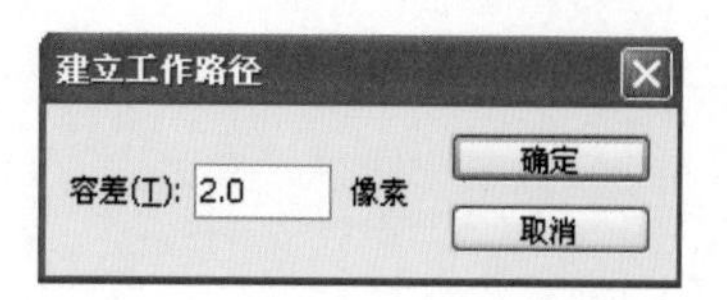

图 6-43 “建立工作路径”对话框

一、填空题

1. 路径是 Photoshop 中一种用于进一步产生其他类型线条的线条。通常由一段或多段没有精度和大小之分的点、直线和________组成,是不包含任何像素的矢量图形。

2. 要在平滑曲线转折点和直线转折点之间进行转换,可以使用________工具。

3. 使用________工具可以绘制各种形状的路径或形状,如绘制蝴蝶、太阳、王冠等。

4. 选择“________”按钮,在绘制形状时不但可以建立一条路径,而且可以建立一个形状图层。

5. 结束制作路径的方法有两种,一种是按________键;另一种是按________组合键后,再单击路径外的任意位置。

6. 我们在____________中将路径转换为选区。

7. 矢量图形工具主要包括________工具、________工具、________工具、________工具、________工具和____________工具。

8. 路径是由多个节点组成的________,放大或缩小图像对其________影响。

9. 工作路径是一种________,不随图像文件保存,在建立一条新的工作路径的同时,原有的工作路径将被________。

二、上机实训

1. 利用“路径工具”和命令,制作如图 6-44 所示的广告帽。

2. 利用“路径工具”和命令,制作如图 6-45 所示的摩托罗拉手机标志。

图 6-44 广告帽

图 6-45 摩托罗拉手机标志

第7章 仿手绘装饰画制作

任务 仿手绘水彩装饰画的制作

任务要求

利用滤镜及图层混合模式,完成如图 7-1 所示的水彩装饰画效果。

图 7-1 仿手绘水彩装饰画效果

任务分析

- 利用 Shift+Ctrl+L 组合键设置自动色阶。
- 利用 Ctrl+J 组合键复制图层。
- 利用菜单“滤镜”→“模糊”→“高斯模糊”命令调节画面。
- 利用菜单“滤镜库”对话框“艺术效果”展卷栏中的“水彩”选项调节画面。
- 利用菜单“滤镜”→“模糊”→“特殊模糊”命令调节画面。
- 设置“图层属性”,选择“叠加”得到所需要的效果。

制作流程

(1) 选择菜单“文件”→“打开”命令，打开素材盘“素材 7-水乡”文件夹中的“素材 7-1.jpg”文件。

(2) 选择菜单“图像”→“调整”→“亮度/对比度”命令，在打开的“亮度/对比度”对话框中调节画面“亮度”为 60，如图 7-2 所示。

图 7-2 调亮画面

(3) 按 Shift+Ctrl+L 组合键设置自动色阶，使素材图片效果更佳。

(4) 按 Ctrl+J 组合键复制图层，得到“背景”图层和“图层 1”两个完全一样的图层，如图 7-3 所示。

图 7-3 两个完全一样的图层

（5）选中“图层 1”，选择菜单“滤镜”→“模糊”→“高斯模糊”命令，在打开的“高斯模糊”对话框中将画面调节成“半径”为 6 像素的模糊效果，如图 7-4 所示。

图 7-4 滤镜中的“高斯模糊”

（6）选择“滤镜库”对话框“艺术效果”展卷栏中的“水彩”选项，设置“画笔细节”为 10，“阴影强度”为 0，“纹理”为 1，给画面再加上水彩效果，如图 7-5 和图 7-6 所示。

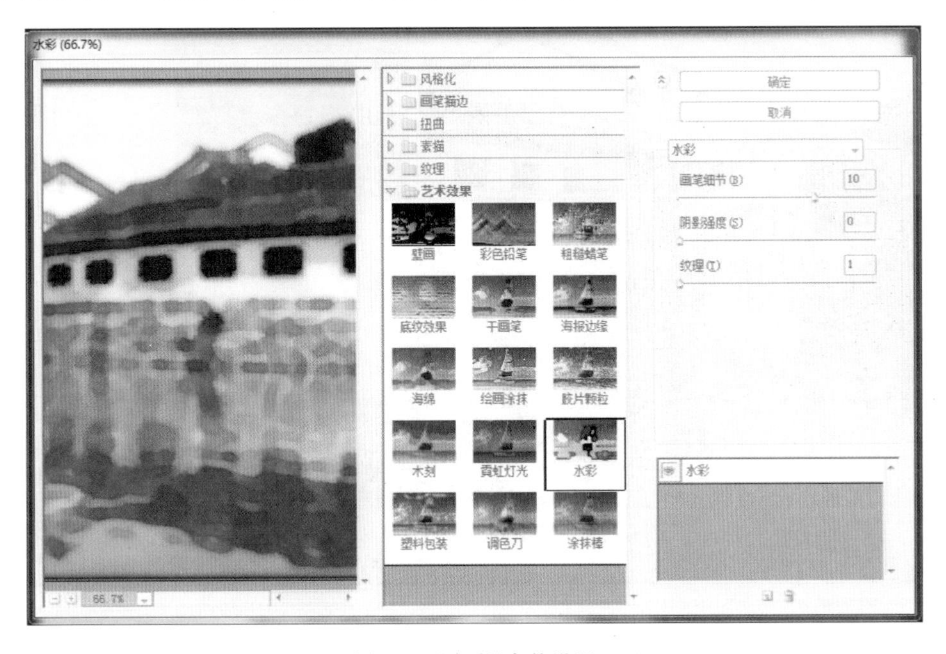

图 7-5 “水彩”参数设置

图 7-6　水彩设置后的效果

(7) 选中“背景”图层，选择菜单“滤镜”→“模糊”→“特殊模糊”命令，在打开的“特殊模糊”对话框中将画面调节成“半径”为 5.0、“阈值”为 100.0、“品质”为高、“模式”为“正常”的模糊效果，如图 7-7 所示。

图 7-7　滤镜中的“特殊模糊”

(8) 设置“图层 1”的图层“混合模式”为“叠加”，得到用户想要的仿手绘水彩画效果，如图 7-8 所示。

图 7-8　图层混合模式

演示步骤视频

任务　水墨效果

任务要求

利用“图像调整”功能和滤镜，完成如图 7-9 所示的水墨荷花效果。

任务分析

- 利用 Ctrl+I 组合键反相。
- 利用 Ctrl+E 组合键向下合并图层。
- 利用“滤镜库”对话框“画笔描边”展卷栏中的“喷溅”选项完成荷叶水墨效果。

图 7-9　水墨荷花效果

制作流程

(1) 选择菜单“文件”→“打开”命令或按 Ctrl+O 组合键，打开素材盘文件夹中的“素材 7-2.jpg”文件。

(2) 选择菜单“图像”→“调整”→“阴影/高光”命令，如图 7-10 所示。在打开的“阴影/亮光”对话框中设置“阴影”中的“数量”为 80%，“高光”中的“数量”为 25%，如图 7-11 所示。

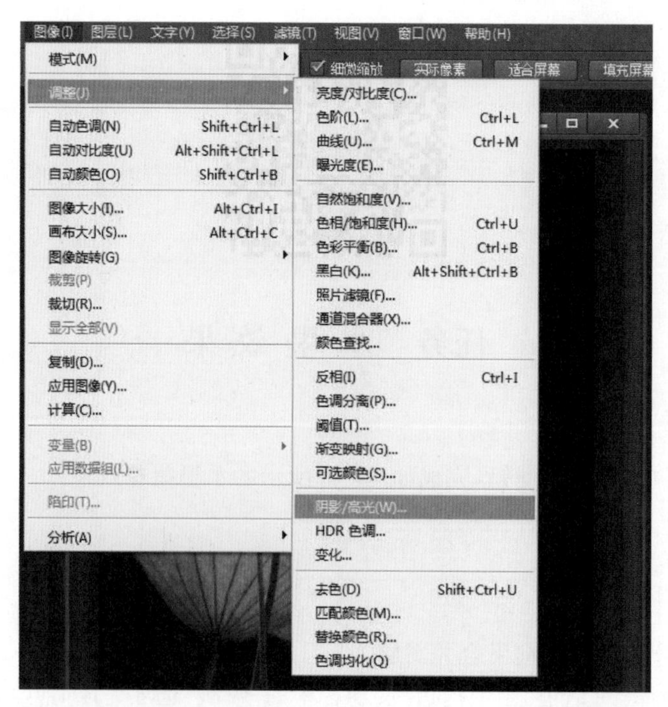

图 7-10　选择“调整”→“阴影/高光”命令

图 7-11　“阴影/高光”对话框

(3) 选择菜单“图像”→“调整”→“黑白”命令，设置参数如图 7-12 所示。

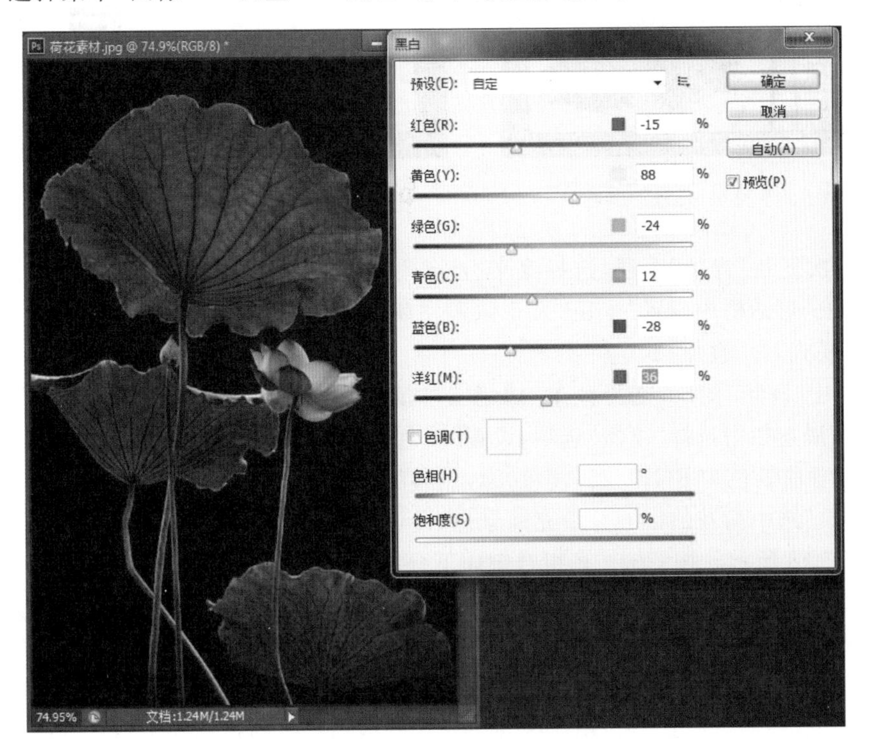

图 7-12　“黑白”参数设置

(4) 在工具箱中找到“魔棒工具”，设置“容差”为 20，配合按 Shift 键选中图片深色背景区域，选择菜单“图像”→“调整”→“反相”命令，得到白色背景的图画，取消选区，如图 7-13 所示。

复制两张“背景”图层，选中最上面的图层，将该图层的“混合模式”设置为“颜色减淡”，并按 Ctrl+I 组合键反相。选择菜单“滤镜”→“其他”→“最小值”命令，在打开的“最小值”对话框中设置“半径”为 1 像素，这样便得到了图像的线稿，如图 7-14 所示。按 Ctrl+E 组合键向下合并图层，设置图层“混合模式”为“柔光”，如图 7-15 所示。

图 7-13　白色背景的图画

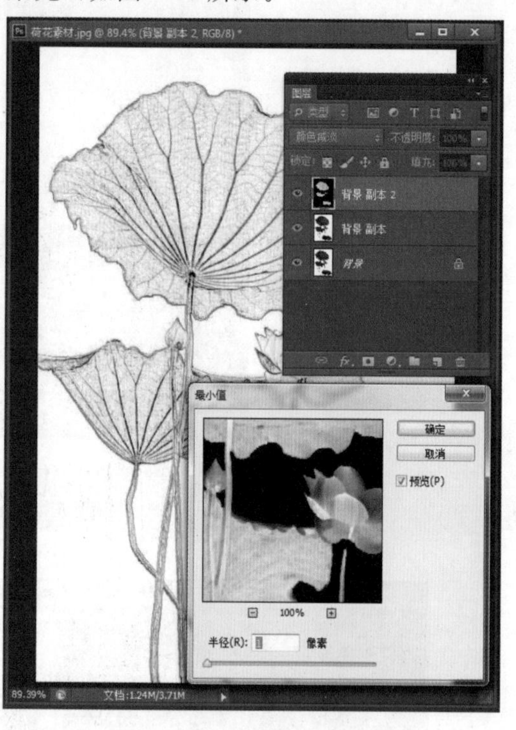

图 7-14　添加滤镜

(5) 再次复制“背景”图层，选择菜单“滤镜”→“杂色”→“蒙尘与划痕”命令，在打开的“蒙尘与划痕”对话框中设置“半径”为 5 像素，“阈值”为 1 色阶，如图 7-16 所示。设置该图层的“混合模式”为“叠加”。

(6) 选中“背景”图层，选择菜单“滤镜”→“滤镜库”命令，在打开的“滤镜库”对话框的“画笔描边”展卷栏中选择“喷溅”选项，设置“喷色半径”为 6，“平滑度”为 5，如图 7-17 所示。

(7) 设置前景色为 RGB(255,0,102)，在“背景”图层上面添加一个空图层，用工具箱中的“套索工具”选中荷花的区域并填充前景色，设置该图层的“混合模式”为“正片叠底”，取消选区，如图 7-18 所示。按 Ctrl+E 组合键向下合并图层。

(8) 将素材 7-3 和素材 7-4 放在合适位置。将“荷香”图片的“混合模式”设置为“正片叠底”，将印章进行自由变换，按住 Shift 键进行等比例缩放。

(9) 在所有图层最上面添加一个空图层，填充前景色为 RGB(230,200,160)，如图 7-19 所示。设置图层“混合模式”为“正片叠底”，这样就得到了一幅生动的水墨写意荷花。

图 7-15　设置图层“混合模式”

图 7-16　设置“蒙尘与划痕”及图层“混合模式”

图 7-17　“喷溅”参数设置

图 7-18　给荷花上色

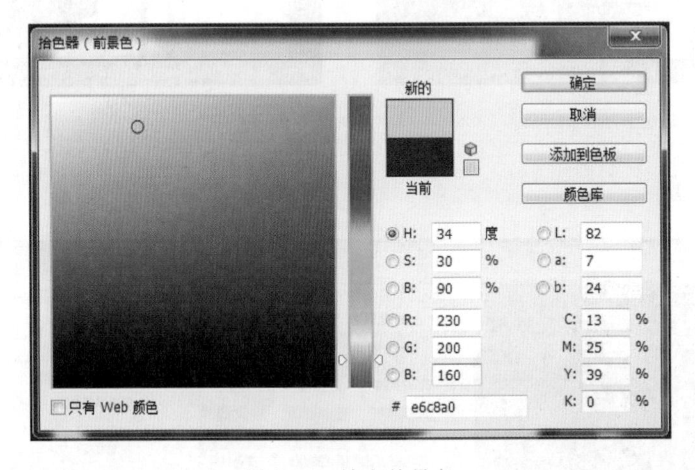

图 7-19　填充前景色

演示步骤视频

7.1　图像调整

1. 色阶

"色阶"表示一幅图像的高光、暗调和中间调的分布情况，并能对其进行调整。其作用是当一幅图像的明暗效果过黑或过白时，可以使用“色阶”命令来调整图像中各条通道的明暗程度，常用于调整黑白图像。

选择菜单“图像”→“调整”→“色阶”命令，或按 Ctrl＋L 组合键，弹出“色阶”对话框，如图 7-20 所示。

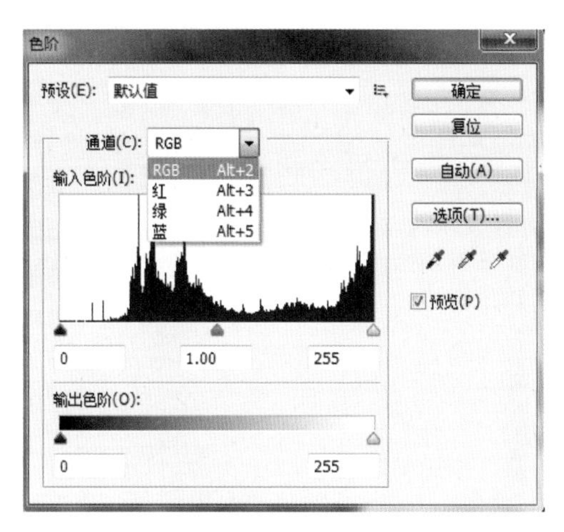

图 7-20　“色阶”对话框

- “通道”：用来选择需要调整色阶的通道。
- “输入色阶”：在“输入色阶”对应的文本框中输入数值或拖动相应的滑块，可分别调整图像的阴影、中间调或高光部分的色调。
  - 阴影：在左侧文本框中输入 0～255 的数值或者拖动相应的滑块可调整图像暗部的色调，数值越大，图像暗部的区域就变得更暗。
  - 中间调：在中间文本框中输入 0.01～9.99 的数值或者拖动相应的滑块可调整图像中间调部分的色调，数值越大，图像中间调的区域就变得越亮。
  - 高光：在右侧文本框中输入 2～255 的数值可调整图像高光部分的色调，数值减小，图像高光区域就变得更亮。
- “输出色阶”：在“输出色阶”对应的文本框中输入数值 0～255 或拖动相应的滑块可分别调整图像暗部或亮部的色调。其中，左侧滑块向右移动，可使图像较暗的区域变亮；右侧滑块向左移动，可使图像较亮的区域变暗。
- 三个吸管工具 ：利用“设置黑场”“设置灰场”“设置白场”三个吸管工具可准确地设置图像的阴影、中间调和高光范围，可有效地矫正图像的偏色。
  - “设置黑场”吸管工具用于设置图像中阴影的范围。
  - “设置灰场”吸管工具用于设置图像中间调的范围。
  - “设置白场”吸管工具用于设置图像中高光的范围。
- “自动”按钮：单击该按钮可以将图像中最亮的像素变成白色，最暗的像素变成黑色，这样可增大图像的对比度，使图像亮度分布更均匀，但容易造成偏色。
- “复位”按钮：若设置得不满意，可按住 Alt 键，此时“取消”按钮会切换为“复位”按钮，单击该按钮，对话框将恢复到打开时的状态。

2. 曲线

使用“曲线”命令不但可以调整图像的色调，而且可以调整图像的对比度和色彩。

选择菜单“图像”→“调整”→“曲线”命令，或按 Ctrl＋M 组合键，弹出“曲线”对话框，如图 7-21 所示。

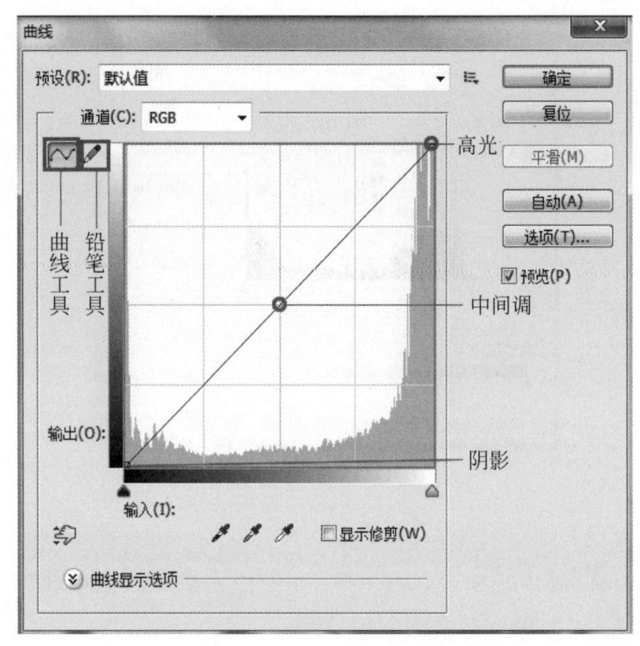

图 7-21 “曲线”对话框

- 曲线工具：选中该工具后，在曲线上单击可产生一个节点，拖动该节点或在“输入”“输出”文本框中输入适当的数值(0～255)，即可改变曲线的形状。利用该工具拖动“高光”“中间调”“阴影”三个节点时可对应调整图像中高光、中间调、阴影区域的色调。默认情况下，曲线向左上方弯曲时，图像变亮；曲线向右下方弯曲时，图像变暗。
- 铅笔工具：选择该工具后，在曲线表格中拖动鼠标可绘制曲线，单击“平滑”按钮可使绘制的曲线变得平滑。
- “显示数量”：
  - “光(0～255)”：表示在图表中按照加色的模式显示“输入”“输出”明暗条及图像的直方图，在该状态下，曲线向左上方弯曲时，图像变亮；曲线向右下方弯曲时，图像变暗。
  - “颜料/油墨％”：表示按照减色的模式来显示“输入”“输出”明暗条及图像的直方图，在该状态下，曲线向左上方弯曲时，图像变暗；曲线向右下方弯曲时，图像变亮，与光(0～255)完全相反，如图 7-22 所示。

3. 亮度/对比度

使用“亮度/对比度”命令可以方便地调整图像的亮度和对比度。

选择菜单“图像”→“调整”→“亮度/对比度”命令，打开“亮度/对比度”对话框，如图 7-23 所示。

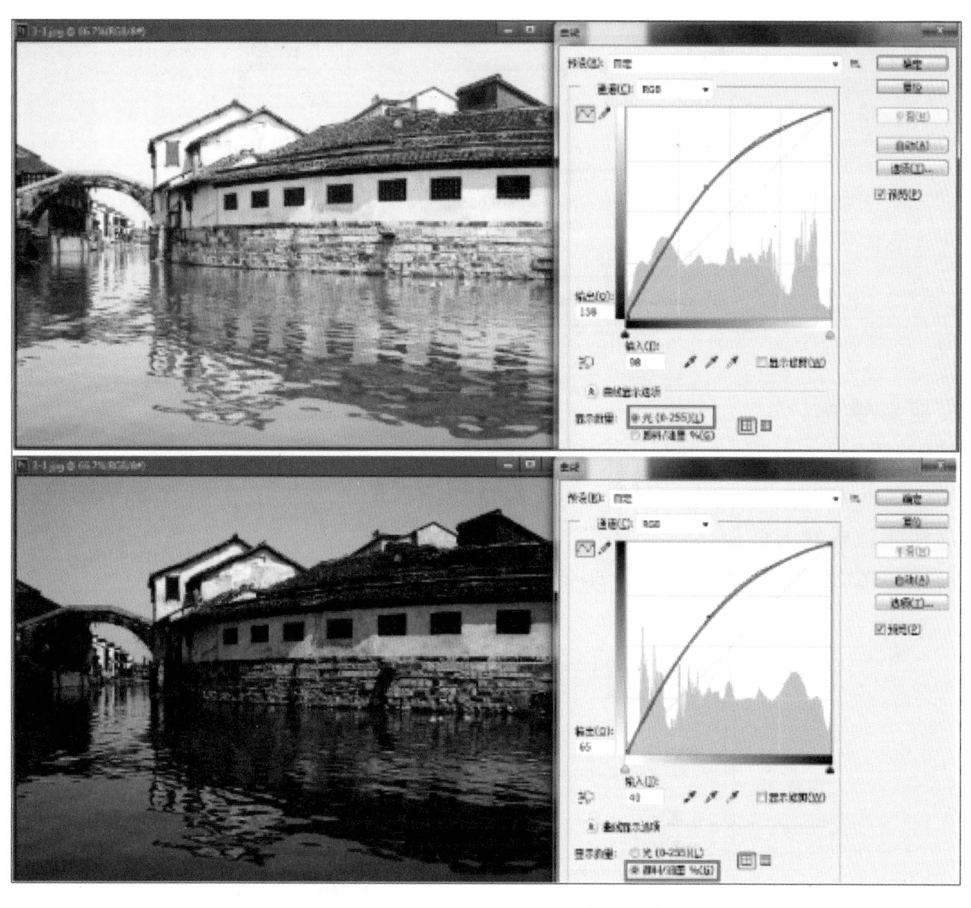

图 7-22　“显示数量”选项对比图

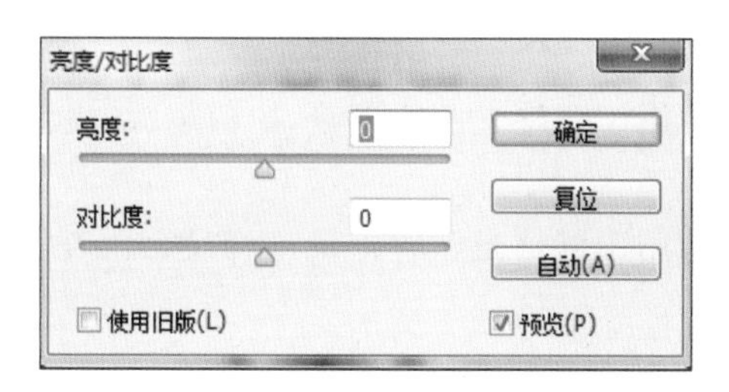

图 7-23　“亮度/对比度”对话框

- “亮度”：用来控制图像的明暗度，取值范围为－150～150。
- “对比度”：用来控制图像的对比度，取值范围为－50～100。

4. 曝光度

使用“曝光度”命令可以对照相时曝光不足或曝光过度的图像进行调整。

选择菜单“图像”→“调整”→“曝光度”命令，打开“曝光度”对话框，如图 7-24 所示。

- “曝光度”：用来控制图像高光区域的色调，取值范围为－20.00～20.00。
- “位移”：用来控制图像阴影和中间调区域的色调，取值范围为－0.5000～0.5000。
- “灰度系数校正”：用来设置高光和阴影之间的差异，取值范围为 0.01～9.99。

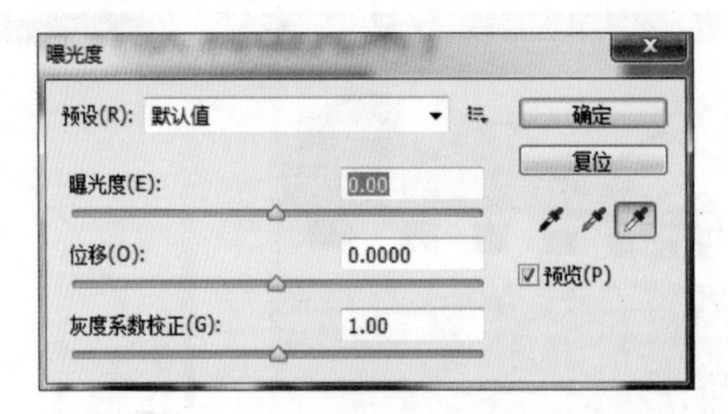

图 7-24 “曝光度”对话框

5. 阴影/高光

使用“阴影/高光”命令主要用于矫正在强逆光条件下拍摄的照片，或矫正由于太接近相机闪光灯而有些发白的焦点。该命令不是简单地使图像变亮或变暗，而是基于阴影或高光的局部相邻像素使图像增亮或变暗。

选择菜单“图像”→“调整”→“阴影/高光”命令，打开“阴影/高光”对话框，如图 7-25 所示。

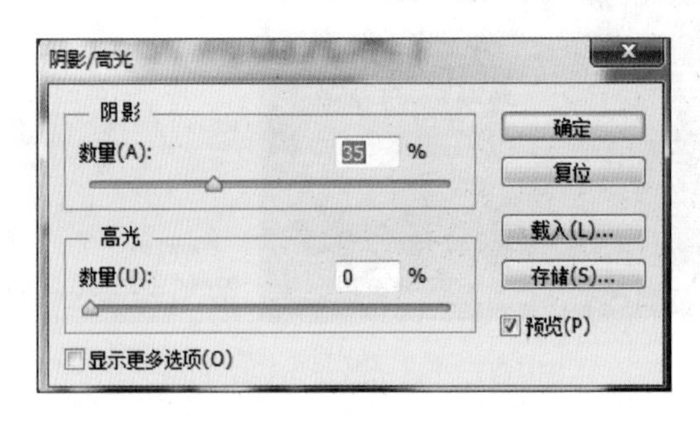

图 7-25 “阴影/高光”对话框

- “阴影”中的“数量”：用于调整光照矫正量，比值越大，表示图像中的阴影区域提供的增亮程度越大。
- “高光”中的“数量”：用于调整光照矫正量，比值越大，表示图像中的高光区域提供的变暗程度越大。

6. 色相/饱和度

使用“色相/饱和度”命令可以调整图像整体或图像中特定颜色范围的色相、饱和度及亮度。

选择菜单“图像”→“调整”→“色相/饱和度”命令，打开“色相/饱和度”对话框，如图 7-26 所示。

- 编辑下拉列表框 全图 ：用来设置调整的颜色范围，可以选择全图，也可以选择单种颜色。
- “色相”：用于更改图像整体或所选颜色的色相。
- “饱和度”：用于更改图像整体或所选颜色的浓度。
- “明度”：用于更改图像整体或所选颜色的明暗度。
- 三个吸管工具：选择“全图”之外的选项时，三个吸管工具被置亮，并且在吸管左侧显示了 4 个数值，这 4 个数值分别对应于其下方颜色条上的 4 个游标，如图 7-27 所

图 7-26　“色相/饱和度”对话框

图 7-27　三个吸管工具被置亮

示。4 个游标及三个吸管工具都是为改变要调整的颜色范围而设定的。使用“吸管工具”在图像上单击，可选定一种颜色作为色彩变化的范围。使用“添加到取样”在图像上单击，可在原有色彩范围的基础上添加当前单击的颜色。使用“从取样中减去”在图像上单击，可在原有色彩范围的基础上减去当前单击的颜色。

- “着色”复选框：选中该复选框后，灰度或黑白颜色的图像将变为单一颜色的彩色图像，原来的彩色图像也将被转换为单一色彩的图像。

7. 去色

使用“去色”命令会将图像中的彩色信息丢掉，变为当前颜色模式下的灰度图像。

选择菜单“图像”→“调整”→“去色”命令后，当前图像即去掉所有的颜色信息变为灰度图像，如图 7-28 所示。

8. 黑白

使用“黑白”命令可以将彩色图像转换为灰度图像，也可将图像调整为单一色彩的彩色图像。

选择菜单“图像”→“调整”→“黑白”命令，打开“黑白”对话框，如图 7-29 所示。

去色前　　去色后

图 7-28　去色前后图像效果对比

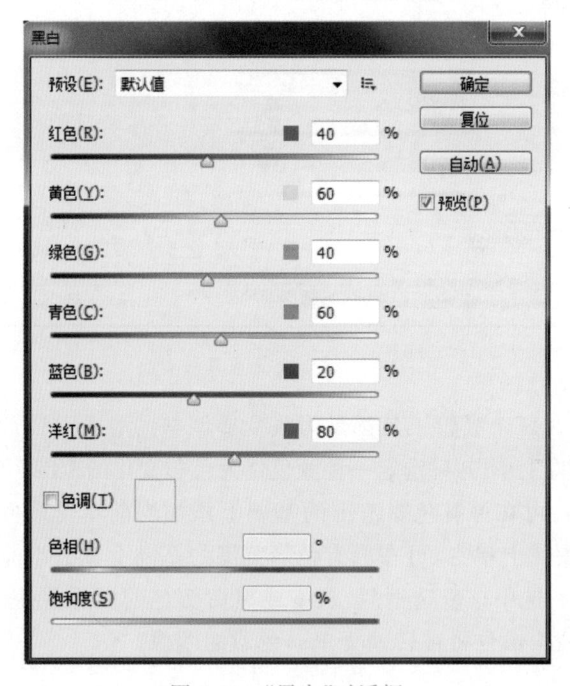

图 7-29　“黑白”对话框

- “预设”：该下拉列表框用于选择预定义的灰度混合模式，若选择“默认值”，则图像效果与“去色”效果相同。
- 各颜色滑块：用于调整图像中特定颜色的灰度级。
- “色调”复选框：若选中该复选框，则“色相”“饱和度”滑块将被激活，利用这两个滑块可将图像调整为单一色彩的彩色图像。

9. 反相

使用“反相”命令可以将图像中所有像素的颜色变成其互补色，产生照相底片的效果。连续选择两次“反相”命令，图像先反相后还原。

选择菜单“图像”→“调整”→“反相”命令后，当前图像转变成底片效果，如图 7-30 所示。

反相前　　　　反相后

图 7-30　反相前后图像效果对比

任务　仿手绘钢笔淡彩画的制作

任务要求

利用“图像调整”功能及滤镜，完成如图 7-31 所示的钢笔淡彩画效果。

任务分析

- 使用 Shift＋Ctrl＋Alt＋B 组合键设置黑白。
- 使用 Ctrl＋J 组合键复制图层。
- 使用菜单“滤镜”→“杂色”→“蒙尘与划痕”命令调节画面。
- 使用菜单“滤镜”→“风格化”→“查找边缘”命令得到画面线稿。
- 使用菜单“滤镜”→“模糊”→“特殊模糊”命令调节画面。

制作流程

(1) 选择菜单“文件”→“打开”命令或按 Ctrl＋O 组合键，打开素材盘文件夹中的“素材 7-5.jpg”文件。

(2) 复制两张“背景”图层，并选中最上面的图层，如图 7-32 所示。

图 7-31　仿手绘钢笔淡彩画效果

(3) 选择菜单“图像”→“调整”→“黑白”命令，在打开的“黑白”对话框中设置参数“红色”为－31%、“黄色”为 15%、“绿色”为 261%、“青色”为 0%、“蓝色”为 0%、“洋红”为－22%，如图 7-33 所示。

图 7-32　复制图层

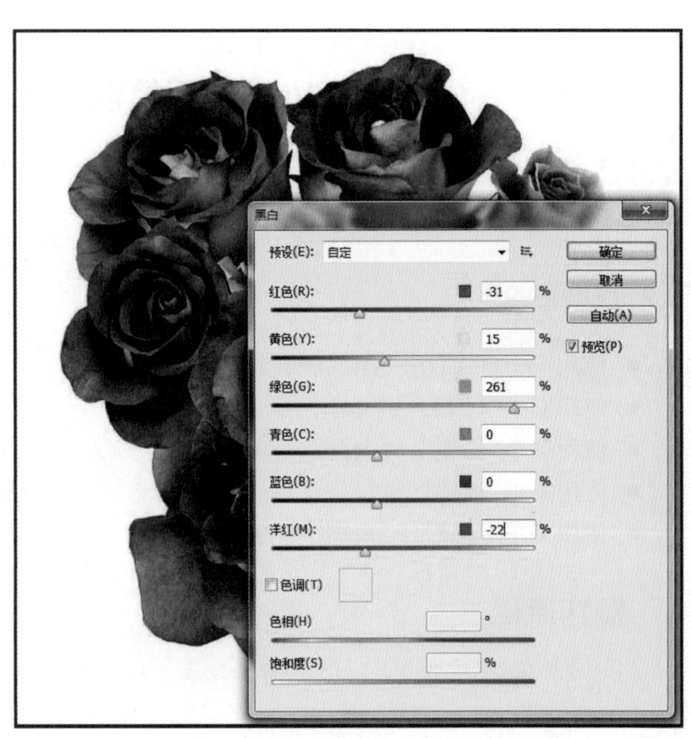

图 7-33　调亮画面

(4) 选择菜单“滤镜”→“风格化”→“查找边缘”命令，这样就得到了较为粗糙的线描效果，如图 7-34 和图 7-35 所示。

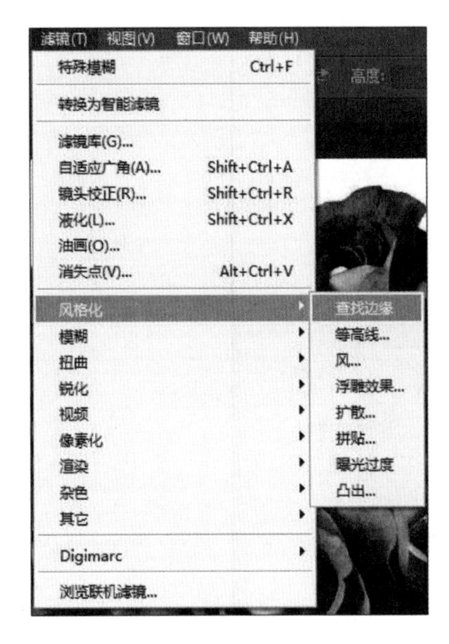

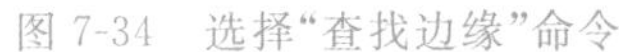

图 7-34　选择“查找边缘”命令

图 7-35　得到的线描效果

(5) 选择菜单“图像”→“调整”→“亮度/对比度”命令，在打开的“亮度/对比度”对话框中调整“亮度”为 150，“对比度”为 0，如图 7-36 所示。将该图层的“混合模式”设置为“叠加”。

图 7-36　“亮度/对比度”参数设置

(6) 选中中间图层,选择菜单“滤镜”→“杂色”→“蒙尘与划痕”命令,在打开的“蒙尘与划痕”对话框中,设置“半径”为 25 像素,“阈值”为 0 色阶,如图 7-37 所示。

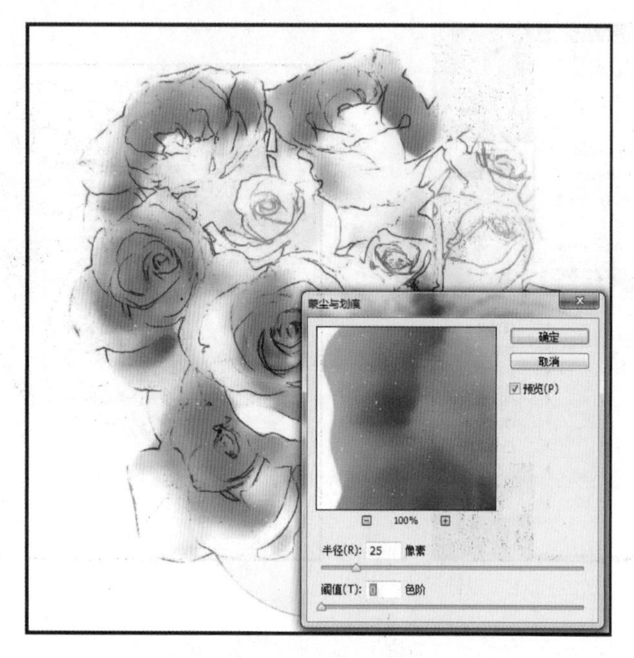

图 7-37 “蒙尘与划痕”参数设置

将该图层的“混合模式”设置为“正片叠底”。暂时隐藏上面两个图层。

(7) 选中“背景”图层,选择菜单“滤镜”→“模糊”→“特殊模糊”命令,在打开的“特殊模糊”对话框中将画面调节成“半径”为 50.0、“阈值”为 100.0、“品质”为“高”、“模式”为“正常”的模糊效果,如图 7-38 所示。

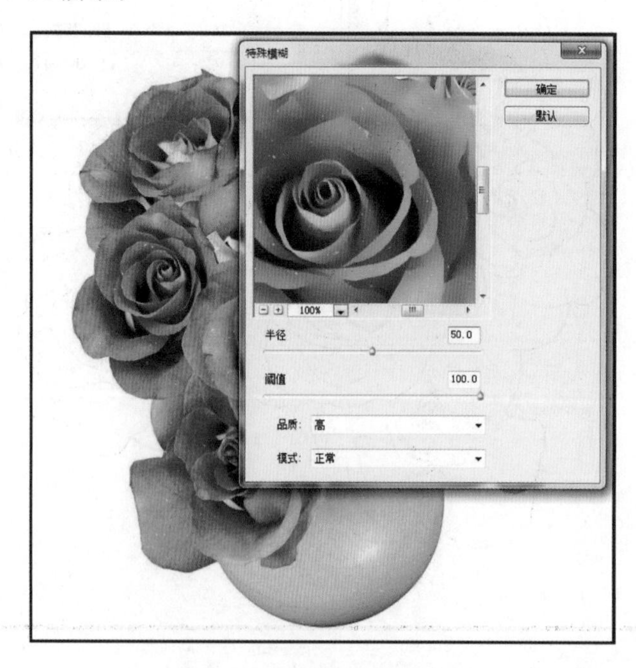

图 7-38 滤镜中的“特殊模糊”

(8) 将上两个图层显示出来,如图 7-39 所示,这样就得到了一幅充满艺术感的钢笔淡彩画。

图 7-39　图层混合模式

演示步骤视频

任务　仿手绘油画的制作

任务要求

利用“历史记录艺术画笔工具”和“历史记录画笔工具”及滤镜的功能,完成如图 7-40 所示的油画效果。

图 7-40　仿手绘油画效果

任务分析

- 使用“历史记录画笔工具”和“历史记录艺术画笔工具”。
- 使用 Ctrl+J 组合键复制图层。
- 设置图层“混合模式”为“柔光”得到效果。
- 使用“滤镜库”对话框“艺术效果”展卷栏中的“底纹效果”选项给画面增加底纹。
- 设置图层“混合模式”为“叠加”得到效果。

制作流程

(1) 选择菜单“文件”→“打开”命令或按 Ctrl+O 组合键，同时打开素材 7-6、素材 7-7，将素材 7-7 拖入素材 7-6 中，并调整对齐。将“图层 1”的“混合模式”设置为“柔光”，暂时先隐藏该图层。

(2) 在“背景”图层上面加一个空图层，暂时将“背景”图层隐藏。在工具箱中找到“历史记录艺术画笔工具”，设置画笔“笔触”为“硬边圆”，“大小”为 10 像素，“硬度”为 100%，如图 7-41 所示。再在空图层画出画面的基本笔触，如图 7-42 所示。

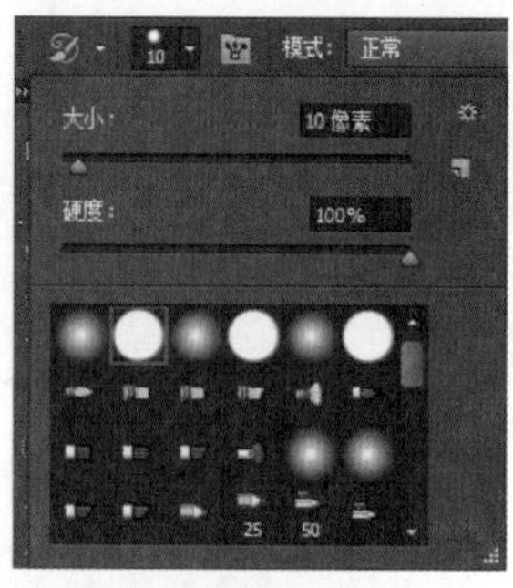

图 7-41 基本笔触设置(1)

图 7-42 基本笔触效果

(3) 将“历史记录艺术画笔工具”的“笔触”设置为“平钝形短硬”，“大小”为 10 像素，如图 7-43 所示。再在人物上画出较细腻的朦胧笔触，如图 7-44 所示。

(4) 使用“历史记录画笔工具”，设置“笔触”为“柔边圆”，“大小”为 20 像素，“硬度”为 0%，“不透明度”为 40%，“流量”为 40%，如图 7-45 所示。再仔细画出人物面部和手的细节，如图 7-46 所示。将该图层的“混合模式”设置为“叠加”，暂时隐藏该图层。

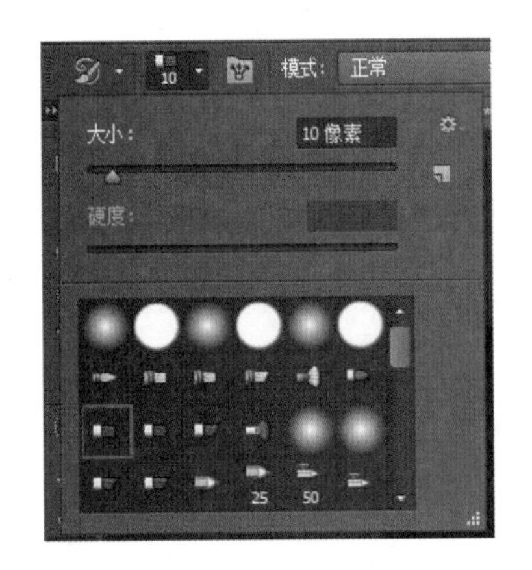

图 7-43　基本笔触设置(2)

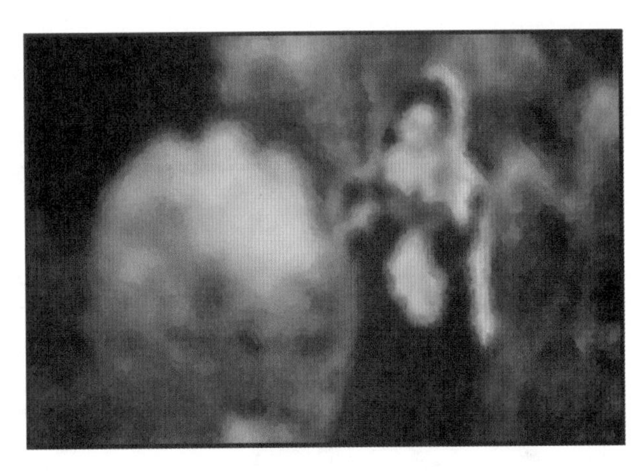

图 7-44　朦胧笔触效果

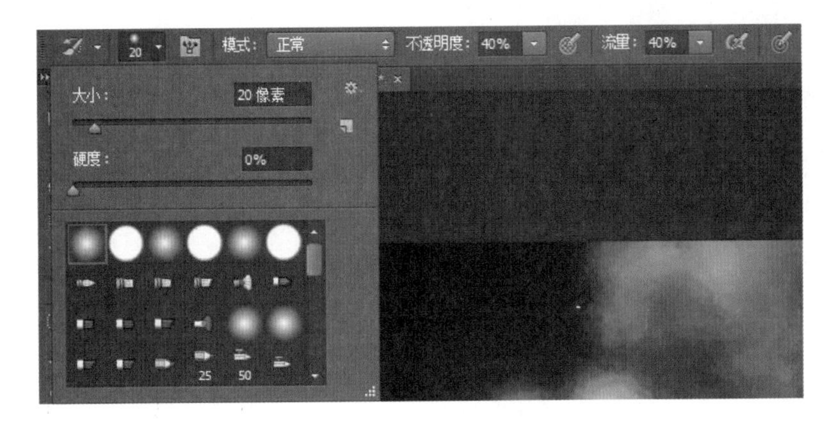

图 7-45　基本笔触设置(3)

图 7-46　面部和手的效果

(5) 选中显示“背景”图层，选择菜单“滤镜”→“滤镜库”命令，在打开的“滤镜库”对话框的“艺术效果”展卷栏中选择“底纹效果”选项，设置参数：“画笔大小”为 5，“纹理覆盖”为 5，“纹理”为“画布”，“缩放”为 100%，“凸现”为 5，“光照”为“左上”，如图 7-47 所示。

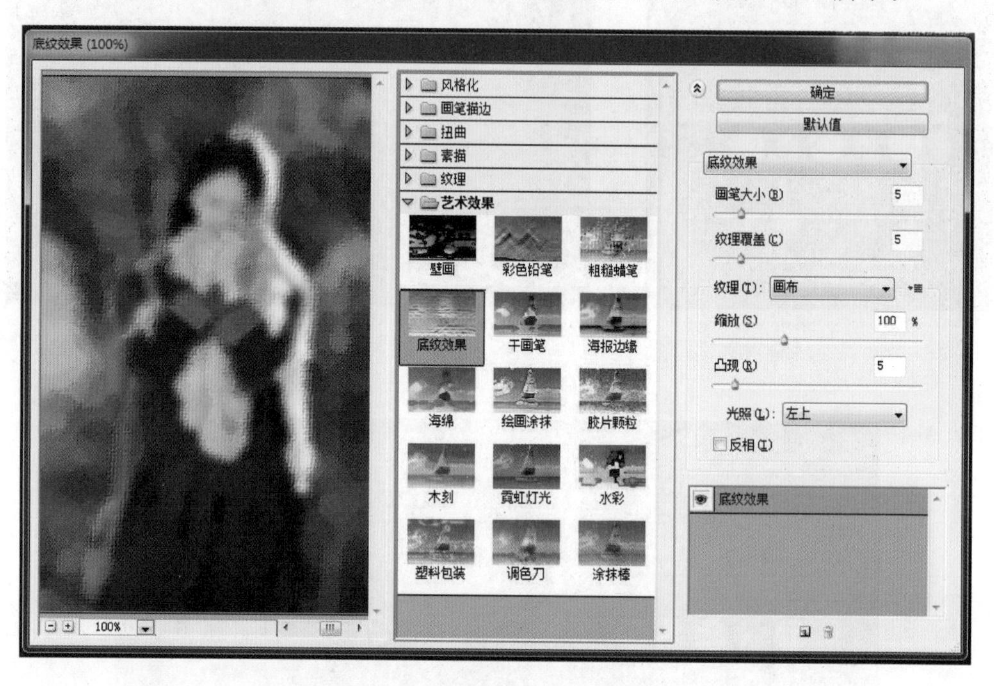

图 7-47　“底纹效果”参数设置

(6) 复制“背景”图层，将“不透明度”设置为 50%，并删除“背景”图层。

(7) 将上两个图层显示出来，这样就得到了一幅艺术感十足的油画作品。

演示步骤视频

7.2 画笔工具组

画笔工具组包括“画笔工具”“铅笔工具”“颜色替换工具”“混合器画笔工具”4 种，如图 7-48 所示。

图 7-48　画笔工具组

1. 画笔工具

使用“画笔工具”可利用前景色来绘制预设的画笔笔尖图案或不太精确的线条。选择该工具后，在工具选项栏中设置好各选项，在图像编辑窗口中单击或拖动鼠标，即可绘制相应的图案或线条；若要绘制水平或垂直的线条，可按住 Shift 键再拖动鼠标。“画笔工具”选项栏如图 7-49 所示。

图 7-49　“画笔工具”选项栏

- 画笔预设管理器 ：单击该按钮，可打开“画笔预设”选取器，如图 7-50 所示，在其中可设置画笔笔尖的形状、主直径大小及硬度等。
- “切换画笔面板”按钮 ：单击该按钮，可打开“画笔”面板，面板被大致分成三个区：画笔预设区、笔刷形状区和预览区，如图 7-51 所示。
  - “画笔笔尖形状”：单击该选项，修改画笔笔刷的形状、大小、硬度等参数可绘制虚线线段，如图 7-52 所示。

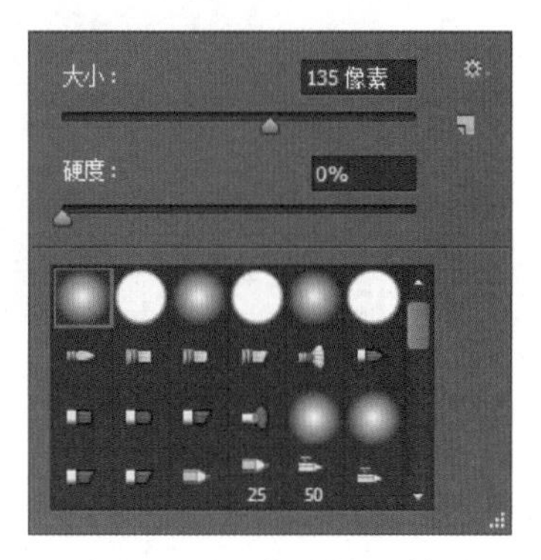

图 7-50　“画笔预设”选取器

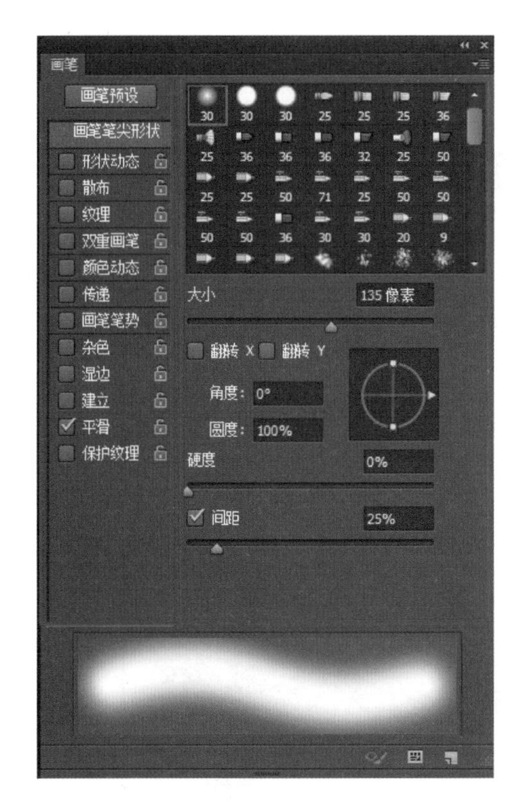

图 7-51　“画笔”面板

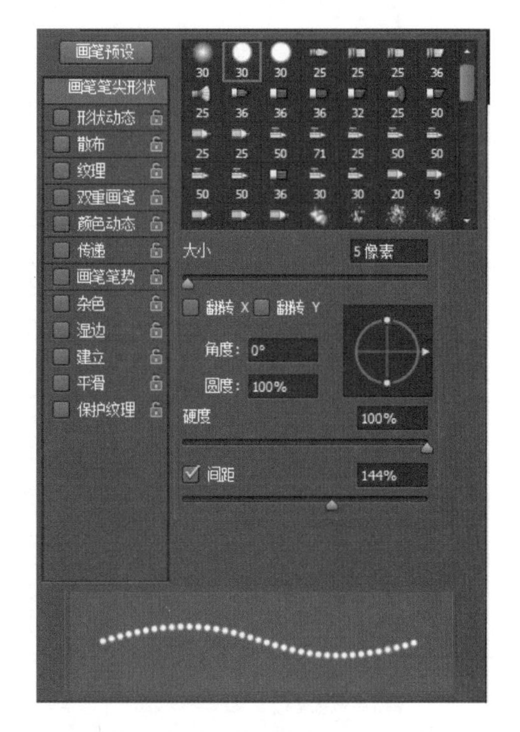

图 7-52　“画笔笔尖形状”对话框

- “形状动态”：单击该选项，在绘制图形时随着鼠标的移动不断调整笔刷形状的选项，它使绘制的图形出现一种抖动效果，如图 7-53 所示。
- “散布”：单击该选项，可以改变笔尖的位置和数目，如图 7-54 所示。
- “颜色动态”：单击该选项，可以设置绘制图形的颜色变化，如图 7-55 所示。

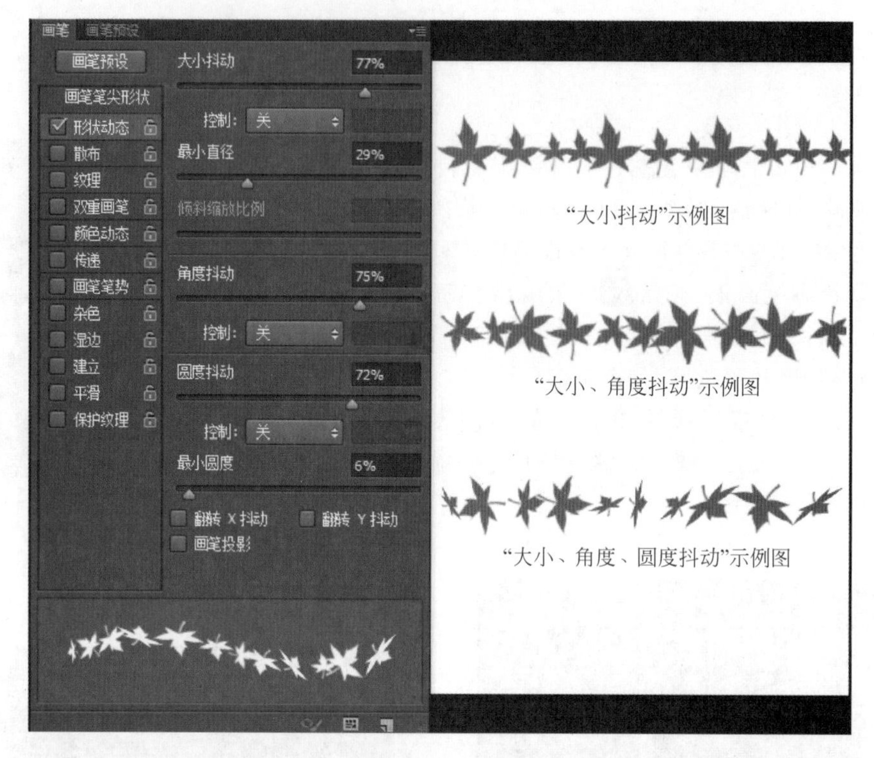

图 7-53 “形状动态”对话框

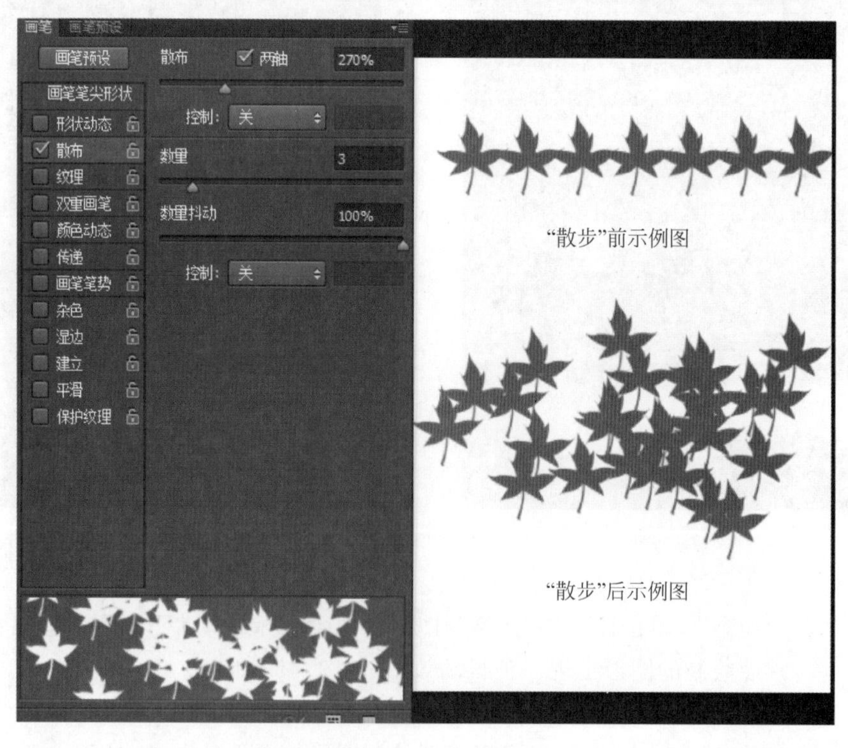

图 7-54 “散布”对话框

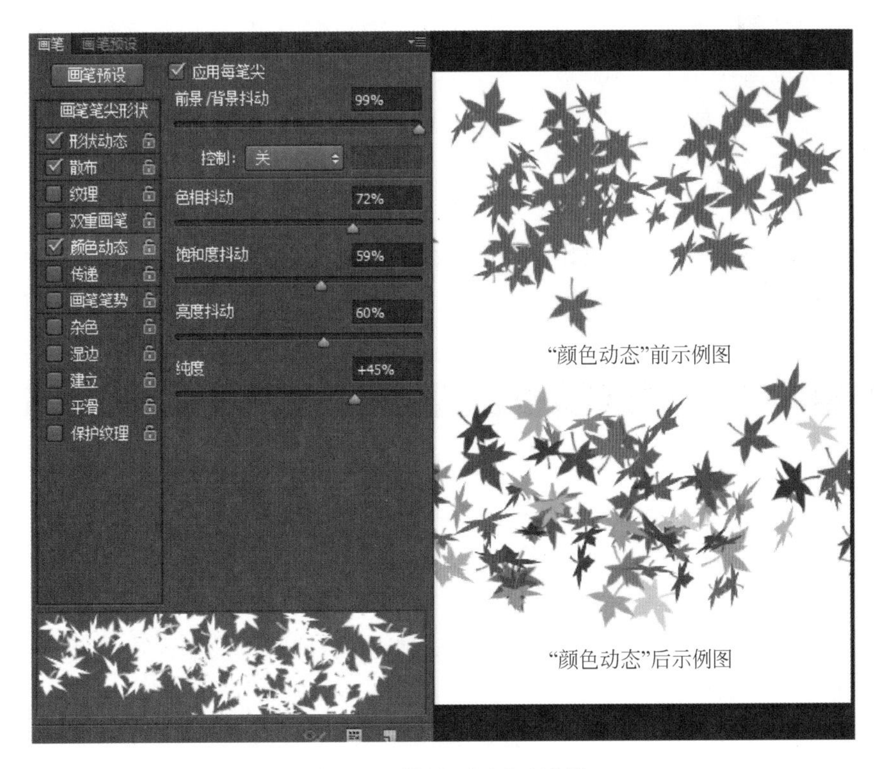

图 7-55　“颜色动态”对话框

2. 铅笔工具

“铅笔工具”的使用方法与“画笔工具”基本相同，只是“铅笔工具”绘制的图像边缘比较僵硬且有棱角。“铅笔工具”选项栏如图 7-56 所示。

图 7-56　“铅笔工具”选项栏

“自动抹除”复选框：选中该复选框，当笔尖起点的颜色与当前的前景色一致时，用背景色来绘画；否则，用前景色来绘画。

3. 颜色替换工具

使用“颜色替换工具”在图像中拖动鼠标，可以用前景色取代光标经过位置的目标颜色，“颜色替换工具”选项栏如图 7-57 所示。

图 7-57　“颜色替换工具”选项栏

- “模式”下拉列表框：用于设置替换颜色时的混合模式，该下拉列表中有 4 个选项：“色相”“饱和度”“颜色”“明度”。
- 取样模式：
  - “连续”：选中该选项，则光标经过位置的颜色均被取样为目标颜色并被替换。

- “一次”：选中该选项，则只将光标落点处的颜色取样为目标颜色，与该颜色在容差范围内的颜色才能被替换。
- “背景色板”：选中该选项，则在拖动鼠标的过程中只替换与当前背景色在容差范围内的颜色。

4. 混合器画笔工具

选择“混合器画笔工具”后，可以利用选定的画笔笔尖形状，配合设定的混合画笔组合方式，在图像中拖动鼠标进行描绘，产生具有实际绘画的艺术效果。“混合器画笔工具”选项栏如图 7-58 所示。

图 7-58 “混合器画笔工具”选项栏

- “当前画笔载入”下拉列表框：用来设置使用时载入画笔与清除画笔。
- “每次描边后载入画笔”按钮：若单击该按钮，则每次绘制完成松开鼠标后，系统会自动载入画笔。
- “每次描边后清理画笔”按钮：若单击该按钮，则每次绘制完成松开鼠标后，系统会自动清除之前的画笔。
- “有用的混合画笔组合”微调框 自定：用来设置不同的混合画笔组合效果。

7.3 历史记录画笔工具组

历史记录画笔工具组中有两个工具，如图 7-59 所示。

图 7-59 历史记录画笔工具组

1. 历史记录画笔工具

历史记录画笔工具组与“历史记录”面板结合使用，可以将图像部分或完全地恢复到“历史记录”面板中某一历史记录的状态。“历史记录画笔工具”选项栏如图 7-60 所示。

图 7-60 “历史记录画笔工具”选项栏

2. 历史记录艺术画笔工具

“历史记录艺术画笔工具”的使用方法与“历史记录画笔工具”基本相同，只是在用“历史记录艺术画笔工具”将图像的某一区域恢复到历史记录画笔源的状态时，会附加特殊的艺术处理效果。“历史记录艺术画笔工具”选项栏如图 7-61 所示。

图 7-61 “历史记录艺术画笔工具”选项栏

一、填空题

1. 打开“色阶”对话框的快捷键是________。在该对话框中，“输入色阶”左边的文本框数值增大，则图像变________；右边的文本框数值减小，则图像变________。

2. 打开“曲线”对话框的快捷键是________。在该对话框中，改变曲线形状的工具有两个，分别是____________和____________；“显示数量”选定“光(0-255)”时，曲线向左上方弯曲时，图像变________，曲线向右下方弯曲时，图像变________。

3. 使用“________”命令可以对照相时曝光不足或曝光过度的图像进行调整。在该对话框中，________主要用来控制图像高光区域的色调；________主要用来控制图像阴影和中间调区域的色调。

4. 使用“________”命令主要用于校正在强逆光条件下拍摄的照片。在该对话框中，阴影的数量增大，则图像变________。

5. 使用“________”命令可以调整图像整体或图像中特定颜色范围的色相、饱和度及亮度。在该对话框中，选中“________”复选框，则图像会变成单一色彩的图像。

6. 连续两次执行“________”命令，可使图像先反色后还原。

7. 画笔工具组包括________、________、________和________ 4 种。

8. 画笔工具中，打开“画笔”面板，通过________可以设置绘制图形的颜色变化。

9. 画笔工具中，打开“画笔”面板，通过________可以改变笔尖的位置和数目。

10. 使用“________工具”绘制的图像边缘比较僵硬且有棱角。

二、上机实训

利用“扭曲”滤镜和图层的复制叠加制作如图 7-62 所示的高光旋涡效果。

图 7-62　高光旋涡效果

第8章 综合实训

综合实训1　房地产宣传页设计

任务要求

本实训主要运用一些素材图片，创意并制作一个米兰翠庭地产宣传页广告，效果如图 8-1 所示。

图 8-1　房地产宣传页广告效果

任务分析

- 应用选区工具创建选区。
- 结合“变换”功能调整图像的大小、角度及位置。
- 添加花纹画笔，并且应用“画笔工具”绘制图像。
- 利用文字工具添加文字。
- 利用蒙版的功能限制图像的显示范围。
- 利用“调整”命令调整图像的色彩。
- 应用“形状工具”绘制形状。

制作流程

(1) 新建一个图像文件，“名称”为“房地产设计”，“宽度”为 1000 像素，“高度”为 1000 像素，“分辨率”为 100 像素/英寸，“颜色模式”为“RGB 颜色”，“背景内容”为“白色”的图像文件。

(2) 新建“图层 1”，在工具箱中设置前景色的 RGB 值为(253,184,19)，按 Alt＋Delete 组合键，在“图层 1”中填充前景色。

(3) 新建“图层 2”，在工具箱中设置前景色的 RGB 值为(181,83,70)，选择“矩形选区工具”，绘制出一个矩形选区，按 Alt＋Delete 组合键，在选区中填充前景色，效果如图 8-2 所示。按 Ctrl＋D 组合键取消选择。

图 8-2　用前景色填充选区

(4) 打开素材图片“楼盘.jpg”，将打开的图片复制到“房地产设计.psd”文件中，图像被复制过来后，“图层”面板中自动添加了“图层 3”，拖动“图层 3”到“图层 2”的下面，效果如图 8-3 所示。

(5) 单击工具箱中的“魔棒工具”，在其选项栏中单击“添加到选区”按钮，设置“容差”为 30，在画面上单击，选中图像中的蓝天，在操作时，也可以配合其他选区工具，选区如图 8-4 所示。

图 8-3　调整楼盘的位置

图 8-4　选中楼盘中的天空

(6) 选择菜单“图像”→“调整”→“变化”命令，打开“变化”对话框，如图 8-5 所示。连续单击“加深黄色”选项 14 次、“加深红色”选项 5 次和“加深洋红”选项 5 次，再单击“确定”按钮，按 Ctrl+D 组合键取消选择，效果如图 8-6 所示。

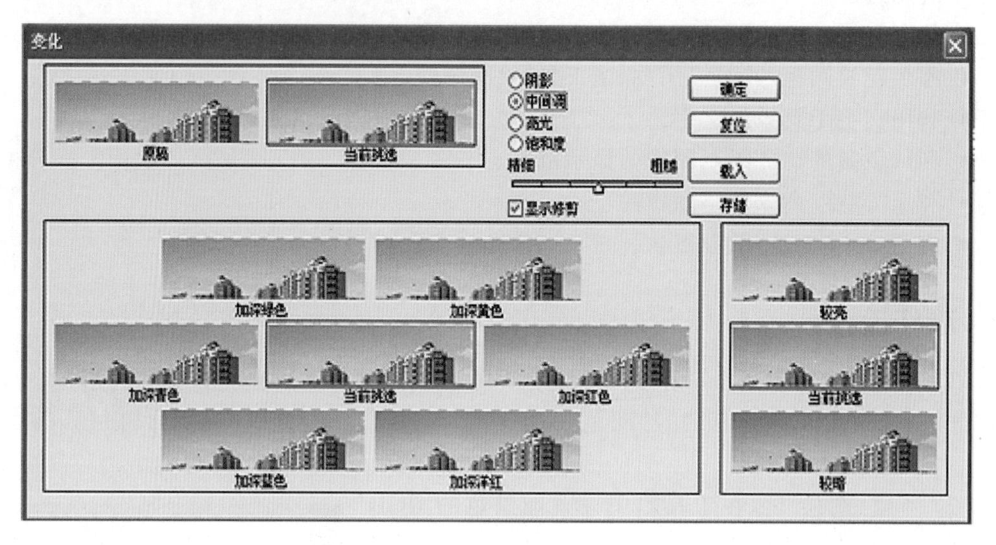

图 8-5 “变化”对话框

(7) 打开素材图片“扇子. psd”，将打开的图像复制到“房地产设计. psd”中，“图层”面板中自动添加了“图层 4”。

(8) 选择楼盘所在的“图层 3”，按住 Ctrl 键单击图层缩览图，将楼盘载入选区，按 Ctrl+C 组合键复制选中的选区。选择扇子所在的“图层 4”，使用同样的方法将其载入选区，选择工具箱中的“椭圆选框工具”，在其工具选项栏中，单击“从选区减去”按钮，制作扇面选区，扇面选区效果如图 8-7 所示。然后选择菜单“编辑”→“选择性粘贴”→“贴入”命令，将刚刚复制的楼盘贴入扇面中，效果如图 8-8 所示。此时的“图层”面板如图 8-9 所示。

图 8-6 调整色彩后的效果

图 8-7 制作扇面选区的效果

图 8-8 选择“贴入”命令后的效果

(9) 选择“图层 5”,按住 Ctrl 键单击图层蒙版缩览图,将扇面载入选区。选择菜单“选择”→“修改”→“羽化”命令,将“羽化半径”设为 30,然后按 Shift+Ctrl+I 组合键将选区反选,按 Delete 键 7 次,删除像素,按 Ctrl+D 组合键取消选择,效果如图 8-10 所示。

图 8-9 “图层”面板

图 8-10 删除像素后的效果

(10) 在“图层”面板中选择“图层 4”,单击面板下部的“添加图层样式”按钮,在弹出的下拉菜单中选择“外发光”命令,设置颜色的 RGB 值为(255,255,190),其他的参数设置如图 8-11 所示。设置完成后,单击“确定”按钮。此时的图像效果如图 8-12 所示。

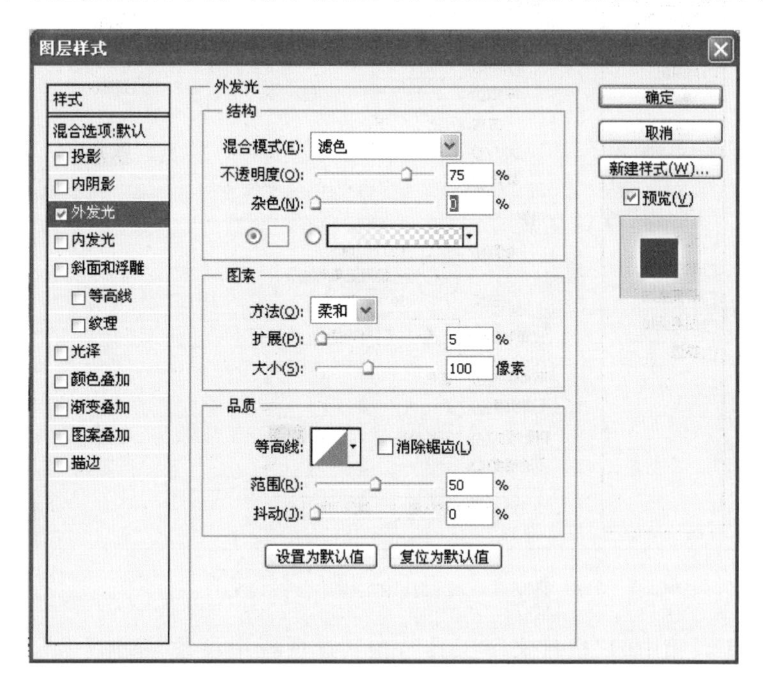

图 8-11 “外发光”参数设置

(11) 打开素材图片“公司标志.jpg”,单击工具箱中的“魔棒工具”,将标志选取后复制到“房地产设计.psd”文件中,这时在“图层”面板中自动生成了“图层 6”,按 Ctrl+T 组合键，调整图像的大小，放置到如图 8-13 所示的位置，按 Enter 键，退出图像变换。然后给此标志添加"斜面和浮雕"的图层样式，其参数设置如图 8-14 所示。设置完成后，单击"确定"按钮。

图 8-12　添加外发光后的效果

图 8-13　添加公司标志

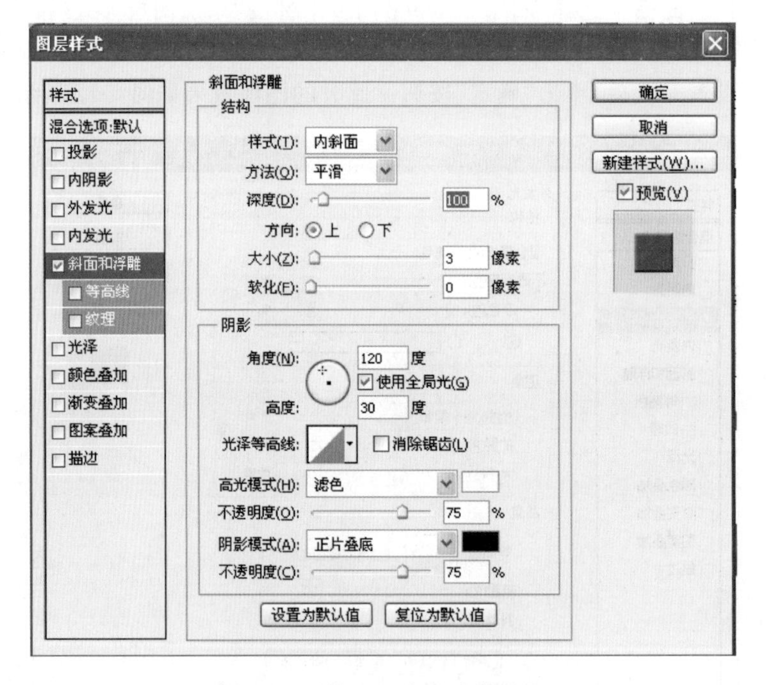

图 8-14　"斜面和浮雕"参数设置

(12) 单击工具箱中的"横排文字工具"，在其选项栏中设置"字体"为"黑体"，"字体大小"为 32 点，"字体颜色"的 RGB 值为(11,140,8)，在图像编辑窗口中输入"瑞翔置业"文字。单击工具箱中的"直线工具"，在其选项栏中单击"形状图层"按钮，将"粗细"设置为 2 像素，颜色的 RGB 值设置为(62,146,29)，在"瑞翔置业"文字的下面绘制出一条直线。再次选择"横排文字工具"，在其选项栏中设置"字体"为"黑体"，"字体大小"为 18 点，"字体颜色"的 RGB 值为(3,124,0),在图像编辑窗口中输入英文字母 RUIXIANG ZHIYE,效果如图 8-15 所示。选择"瑞翔置业"图层,分别添加"投影"和"外发光"的图层样式,其"投影"的参数设置如图 8-16 所示,"外发光"的颜色的 RGB 值设置为(255,255,190),其他参数设置如图 8-17 所示。设置完成后分别复制此图层样式,粘贴到"形状 1(直线)"图层和 RUIXIANG ZHIYE 图层,效果如图 8-18 所示。

图 8-15　输入标志文字后的效果

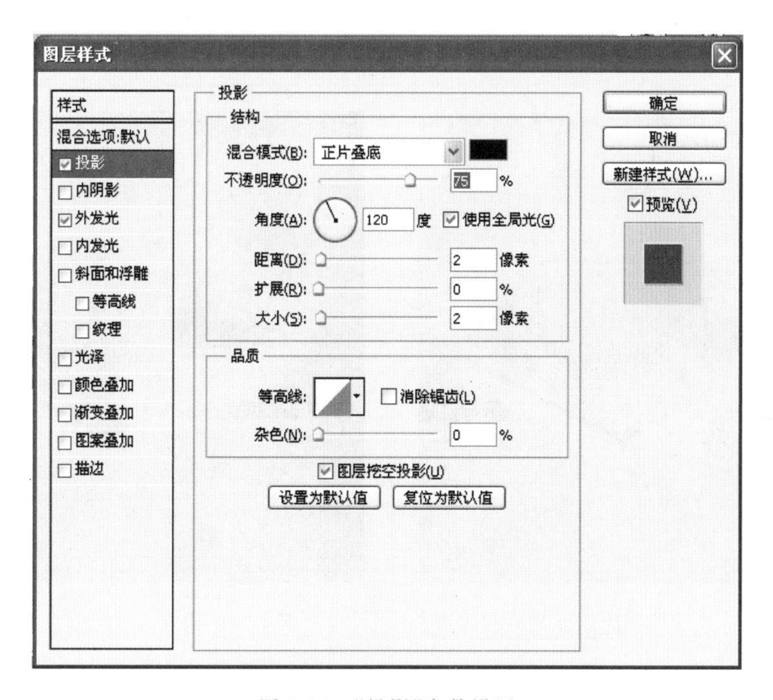

图 8-16　"投影"参数设置

(13) 楼盘的名称为"米兰翠庭",单击工具箱中的"横排文字工具",在其选项栏中设置"字体"为"楷体","字体大小"为 65 点,然后在图像编辑窗口中输入文字"米兰　翠庭",选中"米兰"二字,将其颜色的 RGB 值设置为(145,3,21),选中"翠庭"二字,将其颜色的 RGB 值设置为(3,124,0),效果如图 8-19 所示。单击“图层”面板下方的“添加图层样式”按钮,打开“图层样式”对话框,分别给文字添加“投影”“内阴影”“光泽”“描边”效果,其中将描边的颜色的 RGB 值设置为(255,228,0),其他的效果设置选择默认值即可,效果如图 8-20 所示。

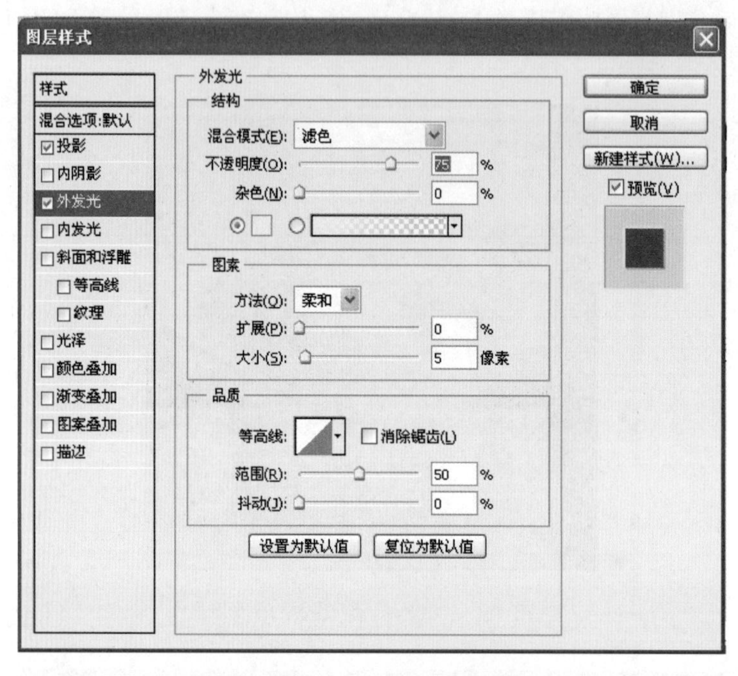

图 8-17 “外发光”参数设置

图 8-18 标志文字添加图层样式后的效果

图 8-19 输入文字“米兰 翠庭”

(14) 打开素材图片“小花.jpg”,将小花选中复制到“房地产设计.psd”文件中,“图层”面板中自动添加“图层 7”,按 Ctrl+T 组合键,调整小花的大小,放置到如图 8-21 所示的位置,按 Enter 键确认。

(15) 单击工具箱中的“横排文字工具”,在其选项栏中设置“字体”为“黑体”,“字体大小”为 24 点,“颜色”为“黑色”,然后在“米兰 翠庭”的上方输入文字“让生活多一点青草的味道”，在其下方输入英文字母 milan spring，“字体大小”为 36 点，“颜色”为“黑色”，效果如图 8-22 所示。

图 8-20 添加图层样式后的效果

图 8-21 添加小花后的效果

(16) 打开素材文件中的“花纹笔刷”文件夹，将提供的画笔追加到 Photoshop CS6 中，然后单击“画笔工具”，选择一种花纹，新建“图层 8”，在图像上添加花纹，调整好大小后，放置到如图 8-23 所示的位置。

图 8-22 添加文字后的效果

图 8-23 添加花纹后的效果

(17) 打开素材图片“社区介绍. psd”，将文字复制到“房地产设计. psd”文件中，放置到图像的左下方，然后为其添加“投影”的图层样式，“投影”的参数设置默认值即可，效果如图 8-24 所示。

(18) 打开素材图片“文字. psd”，将文字复制到“房地产设计. psd”文件中，按 Ctrl＋T 组合键，对图像进行调整，放置到图像的右下方，然后为其添加“投影”和“描边”的图层样式，效果如图 8-25 所示。“投影”的参数设置默认值即可。“描边”的参数设置如图 8-26 所示，其中颜色的RGB值设置为(191,183,28)。

图 8-24　添加“社区介绍”文字后的效果

图 8-25　添加右下方文字后的效果

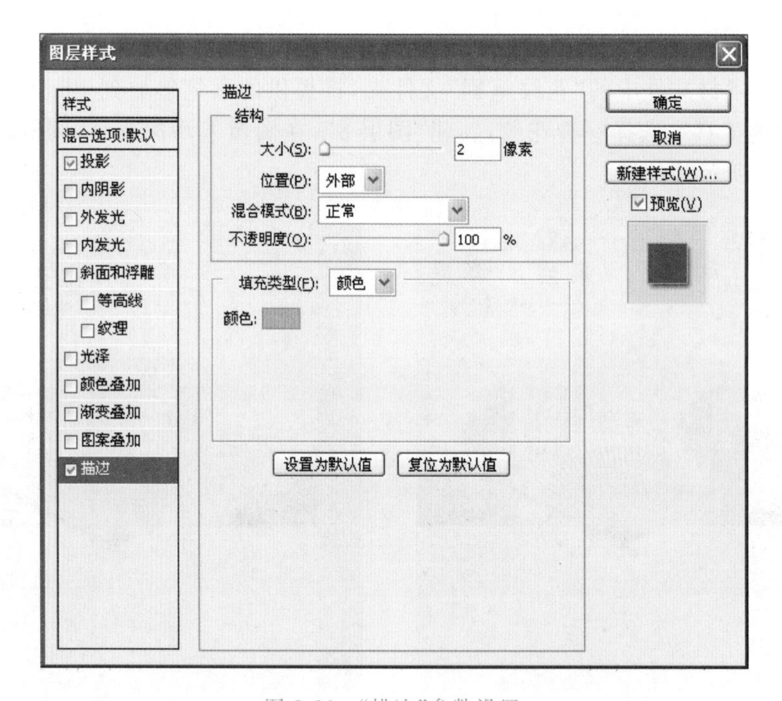

图 8-26　“描边”参数设置

(19) 在工具箱中设置前景色为白色,在“图层”面板中选择“图层 1”,新建“图层 9”,选择工具箱中的“矩形选框工具”,在画面上创建一个矩形选区,按 Alt+Delete 组合键,在选区中填充前景色,效果如图 8-27 所示。

(20) 在“图层”面板中选择“图层 2”,用“横排文字工具”输入英文字母 RUIXIANG ZHIYE,按 Ctrl+T 组合键自由变换,逆时针旋转 90°,调整文字的大小与位置,效果如图 8-28 所示。

(21) 打开素材图片“蝴蝶 1. png”“蝴蝶 2. png”“蝴蝶 3. png”,将打开的图片分别复制到“房地产设计. psd”文件中,放置到如图 8-1 所示的位置。此时图层中自动添加“图层 10”“图层11”和“图层12”。

图 8-27　在选区中填充白色

图 8-28　输入英文字母

(22) 至此，房地产宣传页设计全部完成。按 Ctrl+S 组合键，将文件保存。

演示步骤视频

综合实训2　梦幻婚纱照片处理

任务要求

利用“画笔工具”，制作出梦幻婚纱效果，如图 8-29 和图 8-30 所示

图 8-29　原图

图 8-30　梦幻婚纱照

任务分析

- 设置画笔预设，自定义画笔。
- 设置画笔笔尖形状，设置合适的画笔直径以及角度。
- 创建新图层，在图层上用画笔为人物添加翅膀效果。
- 选择"缤纷蝴蝶"画笔笔尖，然后设置动态画笔效果，在图像中绘制动态蝴蝶效果。

制作流程

（1）选择菜单"文件"→"打开"命令，打开"实训素材 1. psd"文件，如图 8-31 所示。

（2）选择"套索工具"，在图中制作选区，如图 8-32 所示，按 Delete 键将选区中的图像删除，然后按 Ctrl＋D 组合键取消选区，如图 8-33 所示。

图 8-31　素材

图 8-32　制作选区

图 8-33　删除选区内图像

（3）选择菜单"编辑"→"定义画笔预设"命令，在弹出的对话框中将画笔"名称"命名为"翅膀"，如图 8-34 所示。

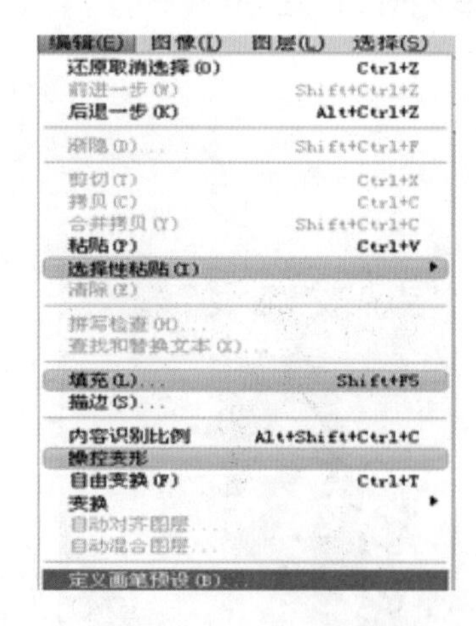

图 8-34　自定义名称为"翅膀"的画笔

（4）打开"实训素材 2. jpg"文件，选择"画笔工具"，打开"画笔预设"选取器，选择"翅膀"画笔笔尖，如图 8-35 所示。

图 8-35　选择"翅膀"画笔笔尖

(5) 选择菜单"窗口"→"画笔"命令,打开"画笔"面板,在"画笔笔尖形状"页面中设置"大小"为 220px,"角度"为－37 度,如图 8-36 所示。

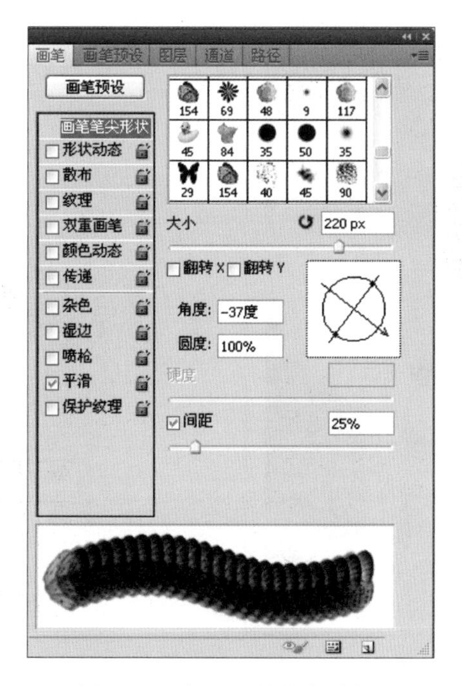

图 8-36　设置"画笔笔尖形状"

(6) 新建“图层 1”,设置前景色为白色,使用设置好的画笔在“图层 1”上画出翅膀图案,如图 8-37 所示。

图 8-37 在“图层 1”上绘制翅膀图案

(7) 使用“橡皮擦工具”,选择合适的画笔笔尖,将“图层 1”上多余的图像擦除,如图 8-38 所示。

图 8-38 擦除多余图像

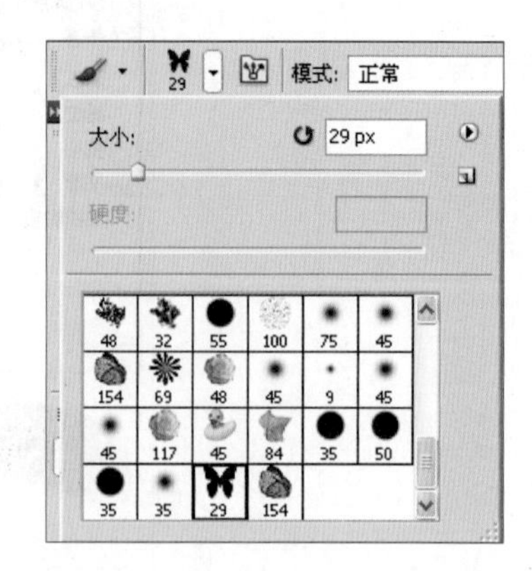

图 8-39 选择“缤纷蝴蝶”画笔笔尖

（8）选择“画笔工具”，打开“画笔预设”选取器，选择“缤纷蝴蝶”画笔笔尖，如图 8-39 所示。

（9）选择菜单“窗口”→“画笔”命令，打开“画笔”面板，分别设置“形状动态”“散布”及“颜色动态”，如图 8-40～图 8-42 所示。

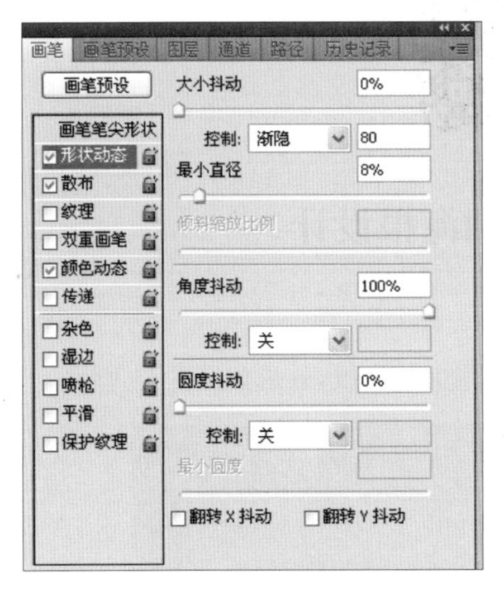

图 8-40　形状动态

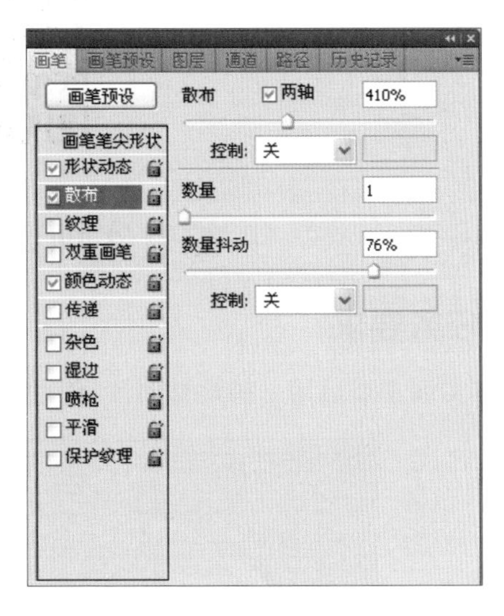

图 8-41　散布

（10）新建“图层 2”，设置前景色为＃b3d7f2，使用设置好的画笔在“图层 2”上画出飞舞的蝴蝶图案，完成制作，效果如图 8-43 所示。

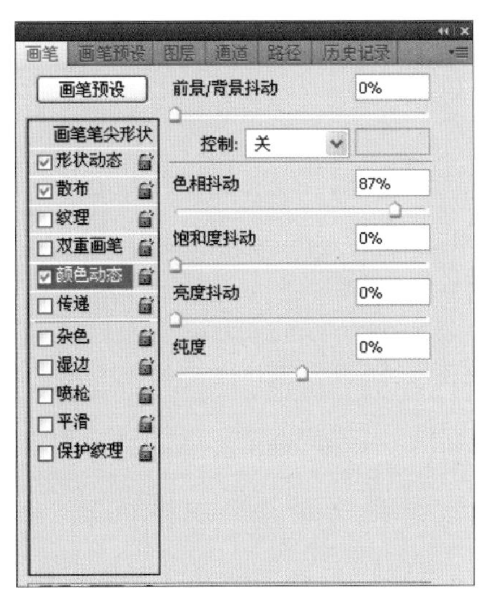

图 8-42　颜色动态

图 8-43　最终效果

演示步骤视频

综合实训 3　促销海报设计

任务要求

本实训主要运用一些素材图片，创意并制作一张促销海报，效果如图 8-44 所示。

图 8-44　促销海报效果

任务分析

- 应用选区工具创建选区。
- 结合“变换”功能调整图像的大小、角度及位置。
- 添加雪花画笔，并且应用“画笔工具”绘制图像。
- 利用文字工具添加文字。
- 利用蒙版的功能限制图像的显示范围。
- 利用“调整”命令调整图像的色彩。
- 应用“形状工具”绘制形状。

制作流程

(1) 新建一个图像文件，“名称”为“促销海报”，“宽度”为 950 像素，“高度”为 500 像素，“分辨率”为 72 像素/英寸，“颜色模式”为“RGB 颜色”，“背景内容”为“白色”的图像文件。

(2) 新建“图层 1”，在工具箱中设置前景色的 RGB 值为(255,34,117)，按 Alt+Delete

组合键，在背景图层中填充前景色。

(3) 打开素材图片“洗手液.jpg”，选择“快速选择工具”，在图中制作选区，如图 8-45 所示。

(4) 选择“移动工具”，将洗手液图像移动到“促销海报.psd”文件中，并调整图像大小。图像被复制过来后，“图层”面板中自动添加了“图层 1”，效果如图 8-46 所示。

图 8-45　“快速选择工具”生成选区

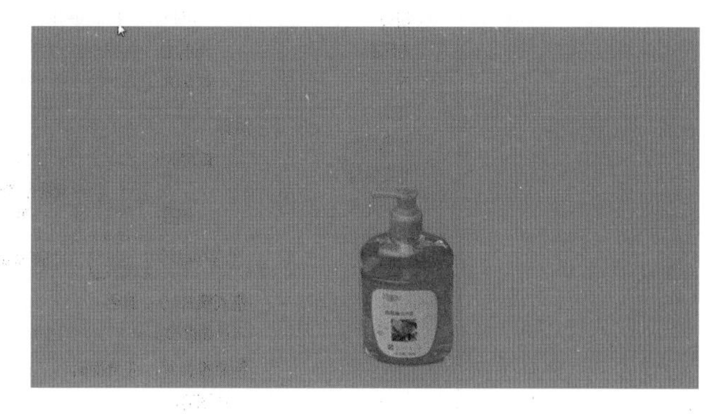

图 8-46　移动并调整图像

(5) 选择“图层 1”，按 Ctrl+J 组合键复制图层，生成“图层 1　副本”，选择“移动工具”，将图像移动到合适的位置。重复执行步骤两次，生成多张洗手液图像，如图 8-47 所示。

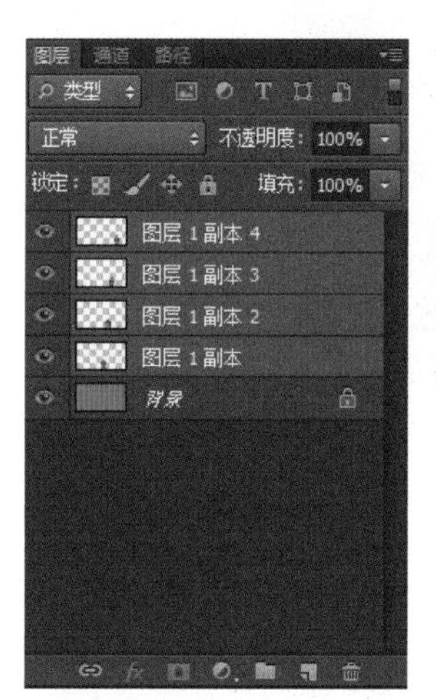

图 8-47　复制并调整图像

(6) 新建图层，并命名为“矩形框”，选择“矩形选框工具”，并填充蓝色 RGB 值为(48,146,152)。添加图层样式“斜面和浮雕”，如图 8-48 所示。

(7) 选择文字工具，在矩形框上输入文字 Hand Watch，白色，60 点。

(8) 选择文字工具，添加文字“山茶油洗手液”，黄色，24 点。

(9) 选择文字工具，添加文字“正品行货/全网最低价”，白色，24 点，如图 8-49 所示。

(10) 选择“椭圆选框工具”，画圆形，填充红色，添加图层样式“描边”，颜色浅粉。图层命名为“圆”。

(11) 选择“画笔工具”，在圆形中间画上虚线。图层命名为“虚线”。

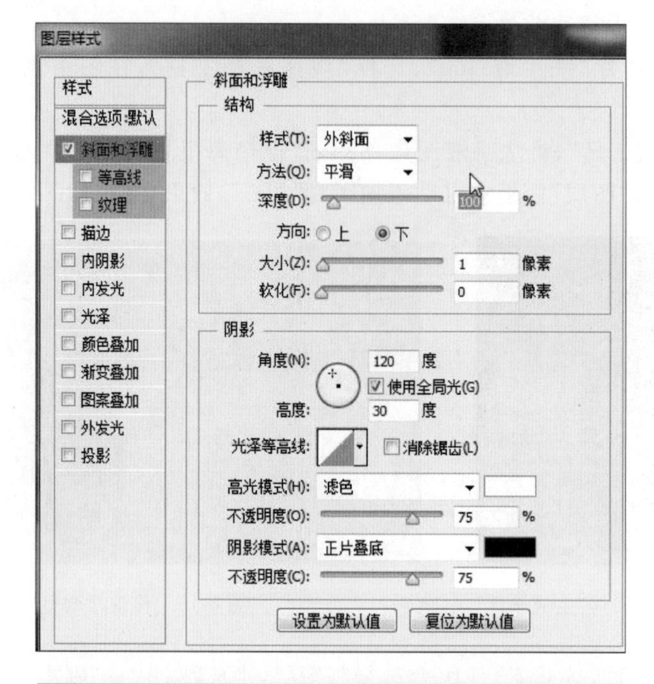

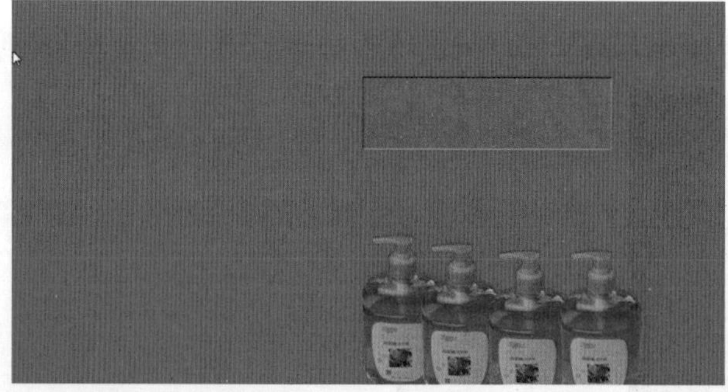

图 8-48 制作矩形框

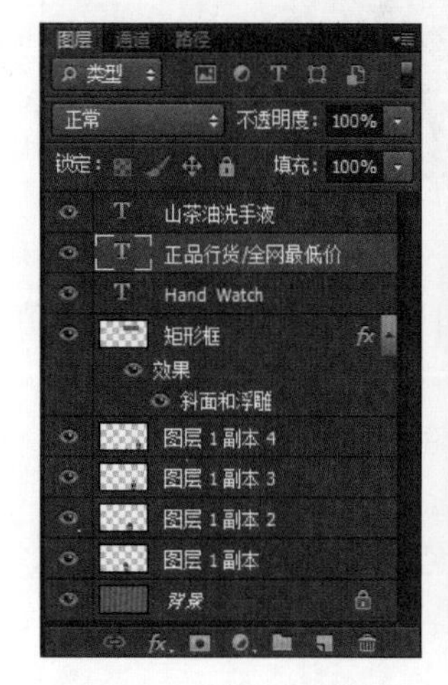

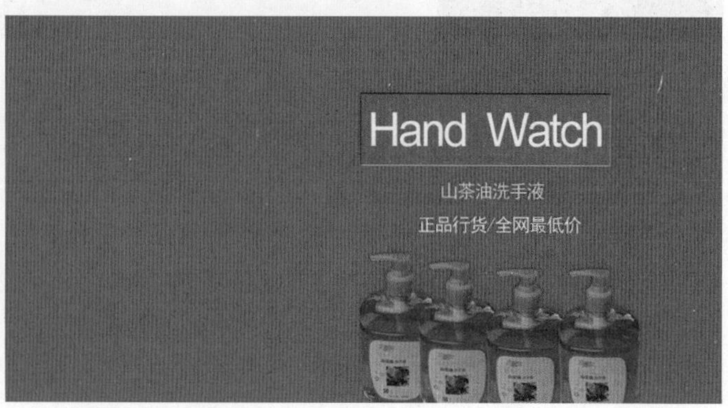

图 8-49 添加文字

(12) 选择文字工具，添加文字"新年专场"，白色，36 点。

(13) 选择文字工具，添加文字"XIN 百汇"，并添加图层样式"描边""外发光"，如图 8-50 所示。

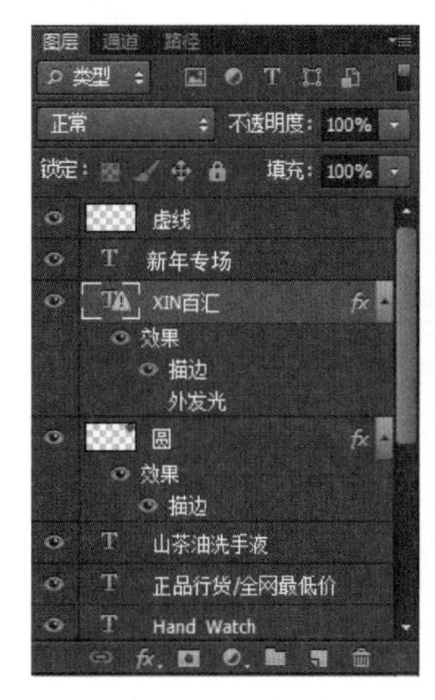

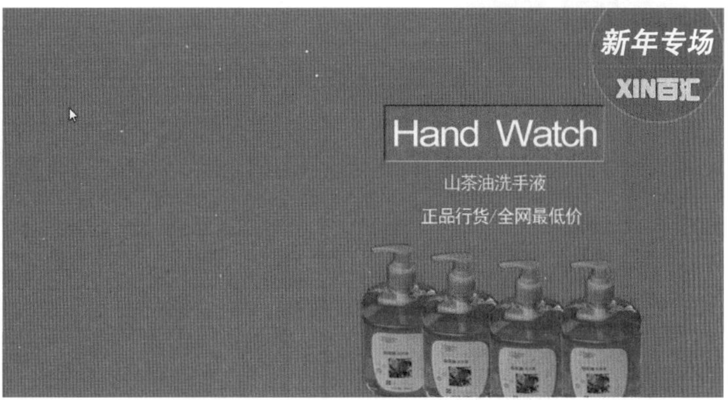

图 8-50　圆形图案制作

(14) 打开素材文件"大抢购.png"，选择"移动工具"，将大抢购图像移动到"促销海报"中，并调整到合适的位置，图层命名为"大抢购"，效果如图 8-51 所示。

图 8-51　大抢购海报效果

(15) 导入笔刷。选择"画笔工具"，打开"画笔"面板菜单，选择"载入画笔"命令，载入"雪花"笔刷，如图 8-52 所示。

(16) 选择"背景"图层，新建图层命名为"雪花"。前景色设置为白色，选择"画笔工具"，雪花笔尖，添加雪花图像。调整图层的"不透明度"为 60%。

(17) 新建图层命名为"星"，选择"形状工具"绘制星星，效果完成如图 8-44 所示。

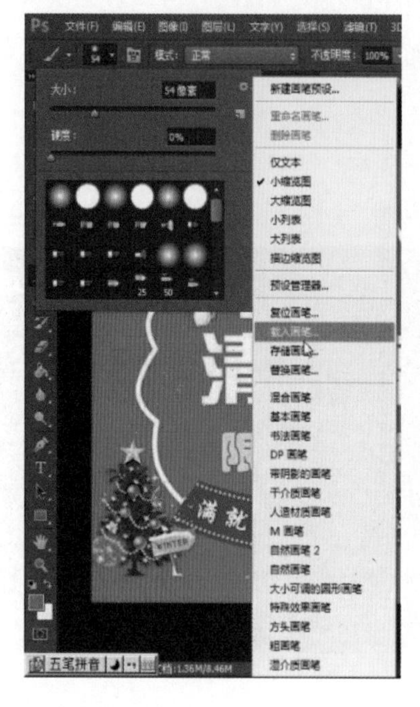

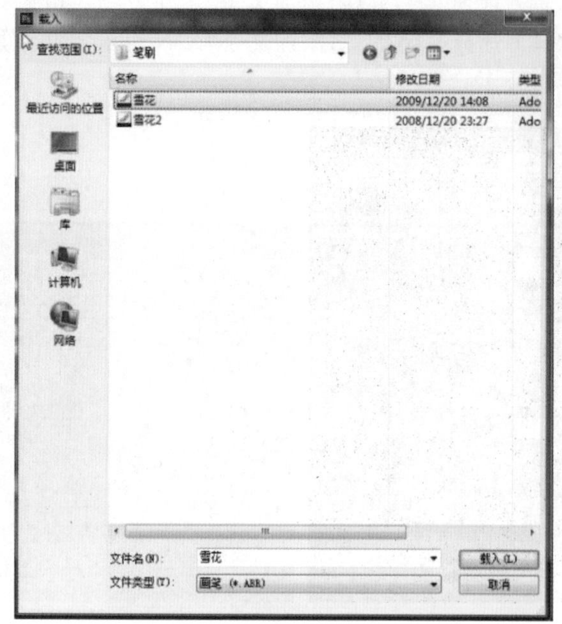

图 8-52　导入笔刷

演示步骤视频

上机实训 1：制作怀旧风格的海报效果

使用 Photoshop CS6 将照片做成一张充满怀旧风格的复古海报，效果如图 8-53 所示。

提示：

(1) 通过"照片"滤镜，将照片颜色调旧。

(2) 添加海报文字，字母与数字采用不同的字号。

(3) 添加矩形块，在矩形块上加上一些英文歌词。

(4) 在图片上加上旧纸图片，调整其模式，使整张图片具有怀旧风格。

上机实训 2：利用滤镜绘制水粉画

利用滤镜，将图 8-54 所示原图制作完成如图 8-55 所示的水粉画效果。

提示：

(1) 利用"滤镜"→"模糊"→"高斯模糊"命令调节画面。

图 8-53　怀旧风格的海报效果

(2) 利用“滤镜库”对话框“艺术效果”展卷栏中的“干画笔”选项调节画面。

(3) 利用“滤镜”→“模糊”→“特殊模糊”命令调节画面。

(4) 设置图层“混合模式”“正片叠底”,得到效果。

图 8-54　原图

图 8-55　水粉画效果

参 考 文 献

[1] 谢夫娜. Photoshop CS5 平面设计案例教程[M]. 北京：清华大学出版社，2012.

[2] 杨力. 平面设计师职业教程(Photoshop 技能实训)[M]. 北京：清华大学出版社，2016.

[3] [美]Scott Kelby. Photoshop CS6 数码照片专业处理技法[M]. 杨光伟，魏丹，译. 北京：人民邮电出版社，2013.